AF890380

KREZMENDI

Un año en las Amezcoas
y crónica de una tala

Juan L. Erce Eguaras

Todos los derechos reservados. Queda prohibida la reproducción total o parcial de este libro, incluido el diseño de la cubierta, su inclusión en un sistema informático o su transmisión en cualquier forma o por cualquier medio electrónico, mecánico, fotocopiado, escaneado o cualquier otro, sin el permiso previo y por escrito del titular de los derechos de autor.

Las opiniones emitidas en esta publicación son de exclusiva responsabilidad del autor.

© Juan L. Erce Eguaras

ISBN: 979-13-990416-5-1
Depósito legal: NA-201-2026
Impreso en España

EDITA: FEHME

DISEÑO Y MAQUETACIÓN: Natalia Jara Fraile

DISEÑO PORTADA: Natalia Jara Fraile

IMPRIME: Gráficas Pinares
pinaresimpresores@telefonica.net

KREZMENDI

Un año en las Amezcoas
y crónica de una tala

Un libro hermoso es una victoria ganada en todos los campos de batalla del pensamiento humano.

Honoré de Balzac

Te haces experto en lo que practicas.

Prem Rawat

I

A la hora de iniciar un nuevo libro surgen muchas dudas e interrogantes sobre la forma de abordarlo, a pesar de la experiencia adquirida, ya que con este va a ser una docena los que ya han surgido de mis entrañas. A pesar de ello, me siento un aficionado. Sin embargo, me produce un gran placer plasmar de forma introspectiva todo lo acaecido en este entorno tan incomparable en el que me hallo, y que ejerce una atracción tan intensa en mí, incluso desde la infancia. Ahora, en una fase de la vida que podríamos llamar avanzada, con una perspectiva más amplia, quizá suponga menor esfuerzo hacerlo. Intentaré construir un libro hermoso, pero si lo consigo o no solamente lo podrán decidir ustedes, los lectores. Yo, por mi parte, nada más me dedicaré al intento, sin pensar demasiado en el resultado final.

Me decido a ello una vez convertido en vecino de uno de los pueblos del valle de Améscoa Baja: Artaza. De este modo, es posible que pueda adentrarme con mayor acierto en la plasmación de estas vivencias, junto a otros detalles, sobre todo de Geografía Física y Humana, y algunos de Historia, que vienen a continuación.

Podría comenzar por una reseña detallada de la situación geográfica del valle y de las sierras colindantes de Urbasa y de Lokiz, pero creo que de momento bastará con dar algunos datos generales, unas pinceladas impresionistas. Tierra Estella, por encontrarse en la parte occidental de la Zona Media de Navarra, marca la divisoria geográfica y climática, a grandes rasgos, entre la Iberia mediterránea y la oceánica. Ambas son muy contrastadas. Mientras que la primera se caracteriza por un clima más seco y cálido, la segunda está bajo la influencia de la corriente del Golfo que, desde el mar Caribe hasta las latitudes septentrionales de Europa, recorre las aguas del Atlántico.

La orografía también es muy diferente, ya que al sur se manifiesta la Depresión Estellesa, con predominio de un relieve más llano y la presencia de sales marinas y lacustres, areniscas y cantos rodados. Por el contrario, al Norte aparecen los sistemas montañosos calizos y los estratos de margas que enlazan con los montes vascos y pirenaicos.

Como consecuencia de todo ello, al norte y al oeste encontramos sierras como las de Urbasa-Andía, Lokiz y Codés. Aunque sus altitudes sean modestas y sólo en algún caso se alcancen cotas cercanas a los 1.500 metros, sí que forman un relieve con estructuras tectónicas y características biológicas de gran interés, por la latitud en la que se encuentran y por las influencias climáticas mencionadas.

Aparte de los aprovechamientos ancestrales de sus pobladores, ligados principalmente a la ganadería y a los bosques, desde hace décadas ha existido una notable tradición montañera, que se ha visto incrementada en los últimos tiempos con el llamado turismo de naturaleza. Hoy en día existen bastantes aplicaciones que indican las rutas, balizas y demás datos de interés, potenciadas en muchos casos por el turismo rural, con el fin de crear un efecto llamada que aporte beneficios económicos más o menos inmediatos. La consecuencia más directa es la afluencia de visitantes y el conocimiento de estos parajes por mayor un número de personas, que a su vez genera cierta mejora, no demasiada, en la economía necesaria para los pueblos. Pero la contrapartida es la pérdida del carácter antes salvaje de estos montes y su paulatina domesticación por parte de los seres humanos, quienes transformamos estos espacios en parques de explotación y esparcimiento.

El fenómeno parece imparable, e incluso va en incremento, por lo que conviene siempre recordar el valor de estos ecosistemas y el debido respeto que les debemos. Por ello, aunque sea reacio a divulgar la belleza de algunos de los entornos, o sea sus emplazamientos, no me puedo resistir a la tentación de exponer algunas impresiones que han quedado grabadas en mí. Por ejemplo, las travesías efectuadas por la vertiente norte de Urbasa, desde el túnel de Lizarraga hasta Santa Marina y el mismo monte Urbasa, sobre la peñera y el valle de la Sakana. O su contrapartida por algunas cimas del sur: Larregoiko, Arripuia y Krezmendi.

El mencionado efecto llamada del turismo, la propaganda en internet sobre el Nacedero del Urederra y la sierra de Urbasa, y la consiguiente afluencia de turistas, han hecho que el incremento de vehículos en la carretera de Estella a Olazagutía, entre otros indicadores que perturban, alcance en ocasiones niveles alarmantes. Si a esto se añade el tránsito de motos de gran cilindrada, a menudo a gran velocidad; así como el de turismos deportivos de alta gama en similares circunstancias, amen de vehículos pesados, y ciclistas, se obtiene en fechas punta un cóctel explosivo con resultados dignos de preocupación. Estos factores se incrementan exponencialmente en función de la climatología: a más calor, mayor afluencia. Por tanto, en verano sobre todo es cuando se ejerce mayor presión sobre estos parajes naturales.

Hace tiempo escribí —en una colaboración de prensa que mantuve durante varios años—, que no comprendía cómo las autoridades del Valle de Allín y los responsables del Departamento de Medio Ambiente del Gobierno de Navarra consentían y deseaban incluso acoger una competición de enduro que iba a durar nada más y nada menos que tres días. Lo hice así, planteándome estos interrogantes y reflexiones:

«¿Qué intereses existen para que esto suceda, para que campen a sus anchas cientos de motos por los montes? ¡Para unas cosas tan puntillosos y para otras tan indulgentes! ¿Se han preocupado del coche que yace desde hace años en una de las regatas de Echávarri, u otro en las calderas de Argonga, en el cauce del río Uiarra? ¿Les interesa el aumento de vehículos sin ningún tipo de control que surcan nuestros parajes? ¿Vigilan los vertidos, filtraciones y otros problemas que pueden suceder en los acuíferos? ¿O más bien hacen la vista gorda cuando conviene como en el caso de la tala masiva de hayas al pie del monte Larraineta (vertiente norte de la sierra de Lokiz), por poner un ejemplo? Parece que estos comportamientos vayan siempre de la mano de intereses, vuelvo a repetir, que no alcanzo a comprender.

»Esta aparente permisividad escapa a mi entendimiento, salvo si se tienen en cuenta los aportes económicos, vengan de donde vengan y perjudiquen a quien perjudiquen. En este último apartado queda por supuesto incluida nuestra Naturaleza. Hasta hace poco era casi salvaje y ahora se va convirtiendo en un reducto en claro proceso de degradación. Es casi similar a cualquier parque de una gran ciudad, donde los animales resisten en dependencia del ser humano y el ecosistema es casi puro artificio.

»Los periodos tan dilatados de sequía tampoco ayudan, lo mismo que el predominio de los vientos que vienen del sur, el consiguiente bochorno crónico y las anormales temperaturas, fuera incluso de la estación veraniega. Todos contribuimos al desaguisado, de una manera u otra. Nadie está libre de pecado, nadie puede arrojar la primera piedra. Pero en nuestra conciencia quedará, en mayor o menor medida, el hecho ineludible de haber ayudado a dejar una herencia tan poco halagüeña a nuestros hijos, nietos...

»Podría extenderme hasta la saciedad exponiendo los desmanes progresivos que contemplo día tras día en las sierras de Urbasa-Andía, Lokiz, peñas de Echávarri, y otros lugares: suciedad, deforestación, erosión, contaminación acústica y química de los vehículos, especulación económica con la riqueza forestal y la caza, aumento espectacular de marcas, pintadas, recorridos, cintas de plástico y demás que convierten el monte en algo ya no tan grato de frecuentar. Pequeños granos de arena que se van sumando y acaban en un montón que nos llega hasta el cuello, que asfixia. Lo que ha costado formarse millones de años somos capaces de destruirlo definitivamente en unos decenios, y quizá ya no vuelva a recuperarse nunca jamás.

»Pienso además que el norte de Tierra Estella lleva camino de dejar de beneficiarse del clima atlántico, húmedo y fresco; para entrar bajo el influjo del clima mediterráneo de predominio sahariano que asciende paulatinamente cada año con más fuerza por el valle del Ebro y desde el sur.

»Esto último, unido a las actividades humanas, y sin ánimo de ser agorero, podría acabar con los bosques de hayas y dejar muy tocados los robledales y encinares. Urbasa se convertiría a finales del siglo XXI en un páramo casi yermo, tal y como ya sucedió con Andía. También las laderas, donde se asientan robles centenarios, y las *aldayas*, que así se conocen en el valle de Améscoa a las vertientes de Urbasa. Tampoco es imposible que un día se llegase a secar el Nacedero del Urederra, o el del río Itxako, si la masa forestal y las precipitaciones fueran cada vez a menos. De momento parece bastante descabellado pensar que así suceda y espero que no ocurra jamás, pero imposible no hay nada. He querido ponerme en el peor de los casos, para que estas líneas nos sirvan de reflexión, sobre todo a la hora de no favorecer más actividades contra el medioambiente».

Ahora, con el paso del tiempo, estos artículos me parecen quizá un poco o bastante radicales, de un cariz fundamentalista. Bueno, a veces sí y otras no, dependiendo de las circunstancias y de la climatología reinante. Por eso deseo destacar que nadie es poseedor de la verdad, ni nadie está libre de contribuir a la destrucción del planeta Tierra. He aprendido que no hay que acalorarse tanto, es mejor mantenerse ecuánime en la medida de lo posible.

Pero no todos los artículos fueron así, por fortuna, sino que los alterné con otros más descriptivos y menos mordaces, como éste:

«La sierra de Enzía (o Encía) ocupa la zona occidental de Urbasa y pertenece a la provincia de Álava. Existe un claro muro divisorio entre ambas, en dirección norte, sur-suroeste; que a su vez es la misma pared de piedra que demarca el Monte de las Limitaciones de las Améscoas.

»Esta barrera artificial arranca en el este, cerca del portillo del Tambor, próximo a Krezmendi; y encuadra unas 5.000 hectáreas propiedad del valle de Améscoa, de las más de 11.000 que ocupa toda Urbasa, con Enzía incluida.

»Por su parte, Andía, que se sitúa todavía más al este, con una clara frontera definida por la falla de Zumbeltz (o de Lizarraga), se extiende sobre casi 5.000 hectáreas.

—Cabe indicar que una hectárea equivale a 10.000 metros cuadrados y, para hacernos una idea, es similar a la superficie de un campo de fútbol reglamentario—.

»Respecto a la separación entre Urbasa y Enzía, el muro aparece también en la carretera forestal o de La Aguarana (Limitaciones occidentales), y hoy en día hay unos bloques de piedra que impiden el tránsito de vehículos entre las dos provincias. Esta circunstancia parece un claro reflejo de las rivalidades existentes en el pasado entre navarros y alaveses. Estos últimos, al parecer, querían usurpar algunas de esas tierras a los amescoanos.

»El muro que circunda el Monte de las Limitaciones es la muestra más clara del tesón de los oriundos. Representa el exponente más claro de la lucha que los amescoanos han mantenido por adquirir y conservar sus derechos sobre ese territorio tan extenso. Estas prerrogativas logradas vienen pues desde muy lejos en el tiempo, desde hace siglos».

Al revisar estas colaboraciones en prensa, con el fin de adaptarlas a esta publicación, he querido añadir algunas consultas bibliográficas. Quien mejor investigó la historia y conformación de la titularidad del Monte Limitaciones fue Luciano Lapuente, el cual escribió numerosos artículos y un libro titulado *Las Améscoas, estudio etnográfico*.

De otro lado, se podría decir, Urbasa-Andía, como bien escribió el eminente geógrafo de Arguedas Alfredo Floristán Tamames (quien tomó bastantes de los datos del primer autor), siempre ha sido: "solar de todos los navarros". Quiere esto decir que cualquier ciudadano del Reino de Navarra podía (y aún puede) llevar su ganado a pastar en los periodos marcados y bajo las condiciones prescritas.

Ambas sierras, aunque para algunos geólogos y geógrafos formen un mismo sistema orográfico, eran "Montes Reales", y se conocían como "Realengos Comunes". En periodos determinados, los reyes autorizaban a los habitantes de los pueblos a beneficiarse de esos territorios. Mientras que gran parte de Urbasa acabó siendo propiedad del valle de Améscoa, el caso del resto de Urbasa y de toda la sierra de Andía fue peculiar, porque el derecho de aprovechamiento se extendió a todos los habitantes del Reino de Navarra.

¿Cómo entonces los amescoanos se hicieron con el control del Monte de las Limitaciones? Pues bien, fue un proceso lento, que se fraguó en diferentes etapas a través del tiempo, y que ocupó siglos. Las causas fueron varias, y no estuvieron exentas de la entrega de diversas cantidades de peculio.

Desde el siglo XV, algunos terrenos de Urbasa eran centro de polémica, debida a que su propiedad "se discutía entre las Améscoas y el Real Patrimonio".

Una sentencia de 1480 reconoció que: "las Limitaciones son terreno propio del común de los habitantes de las dos Améscoas en atención a lo mucho que les tocaba sufrir por ser tierras fronterizas con Castilla".

Y aunque en los siglos posteriores peligrase la titularidad que los amescoanos tenían sobre el Monte, consiguieron conservarla pese a todo.

Hecho este breve inciso sobre la historia del Monte de las Limitaciones, el artículo de hace más de una década continuaba así:

«La zona de Enzía, la parte más occidental de Urbasa, y propiedad de los alaveses, culmina en la punta Baio (o Ballo), cima que alcanza

1.197 metros de altitud. Es la cota más alta de toda la peñera norte de Urbasa. Sin embargo, hacia el este, ya en la sierra de Andía, se encuentran las mayores elevaciones de todo el sistema montañoso: en San Donato-Beriain (1.494 m) o en Amorro (1.346 m).

»En resumen, casi todas las cimas de Andía superan los 1.200 metros; mientras que en Urbasa sólo lo hace Dulanz (1.243 m) o La Nevera (1.207 m), ambas pegadas. Pero estos dos últimos montes están situados al este de Urbasa, sobre la falla de Zumbeltz, y frente a la Trinidad de Iturgoyen (1.233 m), que pertenece a Andía. No es casualidad, sino que obedece a la fragmentación del sistema orogénico a través de la falla y quizá al hundimiento de Urbasa respecto de la otra sierra.

»Más acusada todavía es la depresión central del Raso de Urbasa, con una altitud media de unos 900 metros, lo que define su geomorfología como un sinclinal "colgado". Me parece interesante indicar que este fenómeno, el sinclinal, se refiere a una elevación ondulada. Es lo contrario a un anticlinal, la vaguada o valle que complementa el sistema. Sus componentes minerales estuvieron sumergidos bajo el mar, pero comenzaron a elevarse hace 60 millones de años, para concluir unos 30 después, cuando definitivamente se retiró todo el océano.

Más tarde, y hasta la actualidad, esa superficie elevada se ha ido desgastando por efecto de la erosión climatológica, para quedar como una enorme cubeta con los bordes levantados, sobre todo en el norte. De ahí que los geólogos lo denominen sinclinal colgado. Hacia el sur, sobre el valle de Améscoa, la peñera alcanza una altitud media más modesta y no es quizá tan espectacular».

Realicé también algunos trabajos de Geografía Humana, que del mismo modo aparecieron en prensa, como estos fragmentos que aparecen a continuación y que forman parte de un conjunto al que denominé «Améscoa Habla»:

«Hoy os presento los resultados de las cuatro últimas preguntas sobre las actividades económicas. Forman parte del sondeo realizado en agosto de 2017 a 65 naturales de Améscoa, residentes, visitantes o trabajadores. Los datos son los siguientes:

C1 ¿Cómo valoras la gestión económica de las actividades humanas, sobre todo a la que te dedicas?

Del 1 al 10, se ha valorado en 6,7 puntos de media. Los comentarios, de diferentes personas, son de toda índole, en ocasiones opuestos. Los más destacables son estos:

"Creo que hay información, transparencia y el reparto es equitativo".

"La Junta de Limitaciones (*Aristubelza*) da 25.000 euros al año para obras culturales y deportivas. Ahora hay transparencia en su gestión, antes quizá no tanta. Cuenta con un representante de cada pueblo y concejo de Améscoa, que tiene cada uno un voto, y el presidente dos. Se reúnen cada tres meses o cuando se considera oportuno. También sufraga algunas obras de las escuelas. TEDER gestiona los fondos europeos".

"La Administración medioambiental se mueve hoy en día casi exclusivamente por la pasta".

"Ahora las limpias (clareos del monte) sólo duran tres meses, por lo que a un cabeza de familia le resulta imposible mantenerla con esos ingresos".

"Se utiliza mal el dinero. Hay trampas para conseguir una segunda residencia en Urbasa, que se usa sólo en vacaciones: algunos ponen ganado y así la consiguen".

"El presupuesto anual de Medio Ambiente es bajo, muy mejorable".

"Los ganaderos sólo pueden sobrevivir poniendo una explotación casi industrial".

"El precio que pagan por la madera de haya ha bajado mucho, ahora está a 30 euros el metro cúbico".

"La gestión económica local no es mala y dependemos de las ayudas del Gobierno de Navarra".

C2 ¿Cuál es tu voluntad de mejorar y qué intensidad de medidas quisieras proponer o adoptar?

El resultado ha sido 8,5. Destacan las siguientes opiniones:

"Estoy a favor de una escuela taller para los jóvenes, para que fabriquen muebles y objetos de artesanía, rentabilizando mejor la madera de haya, en las naves inutilizadas de la Junta de Limitaciones".

"Nos organizamos para exponer nuestros problemas laborales al Ayuntamiento de Améscoa Baja".

"Mejorar el rendimiento económico, sólo pagan 600 euros por hectárea en las limpias y antes era más".

"Si se sigue la línea actual, con buen acuerdo entre la iniciativa pública y privada, se conseguirán resultados".

"Todo tipo de medidas hacia el aprovechamiento".

"Se puede mejorar la gestión económica del turismo rural, en la comunicación, educación y aprovechamiento de los conocimientos de la Naturaleza".

"Preferiría un precio más justo por mi producto antes que recibir subvenciones de la PAC (Política Agraria Comunitaria)".

"Nos condiciona el factor económico, pero hay buenas relaciones entre el sector público".

"Mayor transparencia, conocimiento y participación en los intereses económicos".

"No se me ocurren mejoras en la gestión económica".

C3 ¿Cuál es tu nivel de satisfacción económica respecto de tu actividad?

Ha quedado en 6,7 puntos de media. Hay que reseñar estas frases:

"Antes ya intentamos usar aceites ecológicos en las limpias, pero el precio se multiplicaba por 10. Si además tienes en cuenta que cobramos unos 600 euros por hectárea y también tenemos que pagar desplazamientos, la gasolina de las motosierras y la cuota de autónomos..."

"Muchos gastos, periodos cortos de trabajo y un rendimiento anual escaso".

"Hay menos producción eléctrica con menos lluvias, por lo que nos preocupa el cambio climático".

"Los corderos se venden baratos y hace tiempo valían igual. Hago queso, con denominación de origen, pero también tuve que realizar la inversión".

"El sueldo de mi alcaldía (unos 4.000 euros anuales) lo dono al Ayuntamiento".

C4 ¿Cuál es tu valoración de las relaciones sociales, culturales y económicas del valle de Améscoa con Estella-Lizarra?

La habéis situado en el nivel 7. Destacan estas aportaciones:

"La farmacia de Zudaire ha tenido que cerrar, por lo que ya hay bastantes servicios en el valle (otra farmacia en Eulate)".

»Falta de conocimiento real de los problemas del entorno.

»Desunión entre los diferentes sectores de actividad.

»Escasa apuesta por el desarrollo sostenible.»

Después expuse algunos comentarios sobre ellas:

«En cuanto a la valoración del medio natural, es un indicativo esperanzador, porque en general todas las personas entrevistadas han manifestado un aprecio notable por ambas sierras y por su conservación, con más o menos matizaciones o diferencias.

»El problema empieza a surgir cuando se indaga en el estado de salud de las sierras de Urbasa-Andía y de Lokiz, dándose el fenómeno de que cuanto más se frecuentan, más se perciben sus anomalías, más consciente se es de ellas. Tal es así que quienes más las destacan son algunos ganaderos, operarios forestales, montañeros... Se quejan de la suciedad, el tránsito de vehículos no autorizados y los ruidos, problemas que achacan sobre todo a la actividad turístico-lúdico-deportiva. También algunas personas se muestran contrarias a la política actual de talas, "limpias" (clareos), repoblaciones, y son bastante críticos con la gestión del Departamento de Medio Ambiente del Gobierno de Navarra. En este último sentido, se matiza que las políticas administrativas parten de los despachos y no de un conocimiento real de la problemática.

»En el otro polo se sitúan los visitantes ocasionales, administrativos, empresarios turísticos o trabajadores del sector servicios, quienes no observan apenas perturbaciones y están casi siempre dispuestos a una mayor apertura hacia el turismo y menos restricciones al mismo.

»Este hecho crea hoy por hoy una brecha entre los diferentes sectores de actividad, que genera a su vez una falta de colaboración entre ellos, haciendo que cada uno vaya más o menos por libre. Por el contrario, el verdadero desarrollo sostenible sólo se puede dar cuando los sectores interactúan, como por ejemplo el turismo rural y la ganadería, con visitas guiadas a granjas, queserías, bordas, zonas de pastoreo...

»Ello genera, según mi criterio, que no exista hoy por hoy una política de base sobre la gestión acertada de los recursos naturales, ni humanos, ni económicos, incluso aunque se hagan algunos esfuerzos, que no los niego. En consecuencia, otro resultado negativo es la explotación y venta de la madera en bruto, sobre todo de haya, a un precio muy bajo, quizá insostenible, que obligará a cortar cada vez más ejemplares. Se debe avanzar hacia su conservación y aprovechamiento y no considerarla una especie "invasora" —como he escuchado decir a algunos ingenieros forestales —que no lo es; ya que está aquí desde hace milenios, es vital para la continuidad del ecosistema y atrae la lluvia vertical y horizontal (niebla). La madera se podría rentabilizar mejor creando productos transformados de forma artesanal, en escuelas-taller, cooperativas, y con venta directa, online, etc.; generándose así nuevos puestos de trabajo para jóvenes y desempleados, moderando a su vez las talas industriales y obteniéndose certificados de sostenibilidad más reales y adecuados a la actualidad.

»Otro frente está en la oferta turística, que es muy poco evolucionada hacia la educación medioambiental. Hace falta una acción didáctica por parte de todos, del valor de la flora y fauna, la limpieza del entorno, el respeto a las buenas actuaciones forestales basadas en el estudio científico independiente, etc. En este ámbito se incluyen las políticas del Departamento de Desarrollo Rural y Medio Ambiente, muy teóricas, poco prácticas, alejadas de la realidad social y de la sostenibilidad. Distanciamiento también entre sus responsables políticos y los funcionarios, a la vez que de estos últimos con los restantes trabajadores de Urbasa, e incluso con los visitantes, salvo en lo que se refiere al Centro de Interpretación. Y una preocupante gestión del Nacedero, que debería abrirse sólo a visitas guiadas y previo pago de una cuota, puesto que el nivel de afluencia, erosión, contaminación acústica y trastorno a la fauna y flora son en ocasiones extremos, máxime con las sequías, cada vez más frecuentes. Esto último hace también imprescindible prohibir las barbacoas en el Parque Natural, excepto en invierno.

»Por último, se observa una dependencia manifiesta de las ayudas europeas de la PAC, gestionadas por TEDER (Tierra Estella Desarrollo Rural), entidad esta última que cuenta con un presupuesto anual de 3 millones de euros para toda la Merindad, cifra nada desdeñable. Según mi criterio, se debería apostar por unas acciones mucho más decididas hacia la agricultura y ganadería ecológicas, las energías renovables, la creación de granjas-escuela, evolución turística de calidad... Los avances hacia la sostenibilidad son muy tímidos, puntuales, y por lo tanto muy escasos. Y no están además en proporción a los graves inconvenientes que pueden ir llegando con el cambio climático. No hay previsión de futuro, quizá ni siquiera de presente.»

En aquella época, desde 2012 a 2019, quizá importuné a más de uno con aquellos artículos. En todo caso, mi intención no ha sido nunca la de molestar a nadie, sino la de aportar mi granito de arena hacia la concienciación y el respeto por la Naturaleza.

Algunos años después, es posible que me muestre más esperanzado, ya que se observan mejoras en cuanto a la gestión económica y la valoración de los espacios naturales. La masa forestal se conserva en aparente buen estado de salud, a pesar de que se sigue talando con bastante intensidad y los trabajos forestales dejan huellas en el terreno que tardan al menos varios años en desaparecer. Las zonas yermas que quedan acaban por ser más o menos repobladas de forma natural con el paso del tiempo. Por otro lado, los efectos del cambio climático no parecen haber dejado de momento una huella notable sobre las sierras, aunque hay bastantes hayas secas en algunas zonas y según me consta no pocas encinas están enfermando. El estado de salud positivo se debe a las precipitaciones, las cuales, aunque más escasas, se han mantenido en el nivel suficiente como para no hacer peligrar nuestros bosques. Ha habido, eso sí, algunos episodios graves, o muy graves, de estrés hídrico durante los últimos años, cuyas consecuencias habrá que valorarlas a medio y largo plazo. Han sido propiciados sobre todo por las olas de calor y las altas temperaturas continuadas, así como la disminución de las precipitaciones.

Mi condición de historiador, junto con la de geógrafo, me llevó además a indagar sobre los datos estadísticos de Améscoa a principios del siglo XIX:

«Varios documentos del Archivo General de Navarra sitúan el número de "fuegos" u hogares del valle de Améscoa Baja en unos 190, de los que 172 eran propietarios de vivienda y 18 inquilinos. Esta división territorial y administrativa incluía en 1817 a las poblaciones de San Martín, Ecala, Zudaire, Baquedano, Baríndano, Artaza, Gollano y Urra. Se contaba con 2 cirujanos y un "albéitar" o veterinario, 4 maestros de enseñanza y 125 artesanos.

»Respecto de las industrias, existían sólo 2 molinos, y aparecen mencionados 5 colmenares. La actividad era mayoritariamente agropecuaria, como en toda la Navarra de principios de siglo, con más intensidad aquí al tratarse de un valle montañoso, aunque perteneciente a la Zona Media.

»La superficie de suelo cultivable estaba dividida entre 6.505 robadas: 6.424 de tierra de secano, pertenecientes a tres categorías; y 81 de regadío, del mismo modo.

»El ganado como es de esperar era abundante, ya que las reses se aclimatan bien al tipo de terreno de las zonas montañosas, aparte de ser una de las principales fuentes de subsistencia. Aparecen contabilizadas más de 2.500 cabezas de lanar, unas 1.000 "de pelo", igual número de vacunos, cifra semejante de cerdos, 500 aproximadamente de "cerriles" semisalvajes y 140 yuntas de bueyes. La suma total da 6.285 animales, entre adultos y crías, para ser atendidas por una población de 1.043 individuos, lo que toca a poco más de 6 por persona. Cifra realmente importante al lado de la ausencia total, tras la guerra de la Independencia, en el cómputo de Estella.

»Repartida esta riqueza, de forma hipotética y proporcional entre el número de fuegos; daría 34,2 robadas de secano por familia, menos de media de regadío y 33 animales por hogar. Traducido a términos económicos, a niveles generales, la tierra de secano aportaba anualmente algo más de 3.000 robos de trigo (unos 66.000 kilogramos). Si el reparto fuese en proporción, hecho imposible a tenor de las diferentes categorías del suelo cultivable y las dispares condiciones de tenencia de la tierra; corresponderían unos 350 kilogramos anuales por familia, y 10,84 reales de vellón por el beneficio del disfrute de las huertas.

»Dejando al margen el producto de los 2 molinos, los beneficios de los artesanos y otros trabajadores especializados, el aporte en concepto de montes, por la madera, leña y carbón; y el de los pastos, colmenares, hierbas y aguas era de 59.560 reales anuales.

»Dividida esta cifra entre el número de habitantes del valle, una vez descontados los artesanos y otros profesionales, o sea sólo las 911 personas dedicadas exclusivamente a las tareas del campo, da el producto de 65,36 reales por cabeza, o 358,4 por familia.

»Como resultado global, tendríamos que un núcleo familiar en condiciones medias debería pasar el año con algo más de 368 reales. Sin embargo, el umbral de la pobreza, aproximadamente, se situaba en una renta inferior a 1.460 anuales (unas 365 pesetas). Aunque aún habría que añadir unos 300 kilogramos de trigo y una cabaña de 33 animales, no parece una perspectiva halagüeña, dada la inestabilidad climática y su influjo en las cosechas, la mortandad en el ganado, y el distinto reparto del suelo.

»Aun y todo, el valle de Améscoa Baja se habría visto más favorecido, en cuanto a superficie cultivable o comunicaciones, respecto al de Améscoa Alta, que comprendía las poblaciones de Eulate, Aranarache y Larraona. Aun y todo, ambos perdieron habitantes entre 1648 y 1818. Sin embargo, otros núcleos como Los Arcos o Viana, situados en el somontano, o los que se emplazaban en la depresión estellesa (en el valle de Yerri, por ejemplo), experimentaron crecimiento, sobre todo los primeros. Esta circunstancia estuvo propiciada por la mayor extensión de las parcelas y las mejores condiciones económicas».

En fin, he querido exponer algunas muestras de mis actividades relacionadas con estas tierras, las cuales realicé hace ya unos cuantos años y salieron publicadas en los periódicos. De este modo, en este primer capítulo, he deseado mostrar parte de mi trayectoria en cuanto a los vínculos con el valle de Améscoa y las sierras que lo conforman.

II

Desde la más tierna infancia quedaron grabadas en mí aquellas imágenes, aromas y sensaciones que sólo podía experimentar en las sierras de Tierra Estella, sobre todo en la de Urbasa. Todavía siguen vivas. La culpa la tuvieron mis padres y hermanos, quienes me transmitieron e inculcaron aquel aprecio y respeto por estos parajes naturales tan exquisitos. Desde entonces, el influjo de estas tierras, montes, ríos, bosques, animales y gentes se ha mantenido e incluso incrementado con el paso del tiempo, hasta llegar a convertirme cuando menos lo esperaba en un ciudadano más de las *Amezcoas*.

Modestia aparte, debo decir que he pasado miles y miles de horas recorriendo los parajes que conforman las sierras de Urbasa-Andía y Lokiz. Y no exagero, ya que el resultado final del cómputo me resulta casi imposible de determinar. Un día lo intenté y casi me mareo, de tal modo bailaban las cifras por mi cabeza. Da igual, porque no se trata de una competición por ver quién se ha pateado más o menos sus vericuetos; sino de reflejar que mi experiencia se basa en el conocimiento real y práctico del terreno. Y encima me queda la satisfacción tan enorme por haber pasado tanto tiempo en la Naturaleza.

Pero quizá me una más a todo ello el aspecto sentimental, instintivo, romántico, que surge del hecho de que no puedo vivir sin contemplar y empaparme de la esencia que emana de estos entornos naturales. Los necesito, y en cuanto me aparto de ellos por la circunstancia que sea, los añoro.

Podría decir que incluso los considero sagrados, aunque hoy en día esta forma de expresión se considere fuera de contexto. No era así hace siglos, cuando los vascones, fenicios, griegos, romanos, etc., adoraban a árboles, animales, ríos y montañas. Para mí, sagrado es todo aquello con lo que te une un vínculo mágico, íntimo, estrecho, inexplicable. Encima posee tal poder que es capaz de restablecer el equilibrio físico y mental. Cuenta, pues, con propiedades curativas.

Si tuviera que realizar un repaso mental por los recuerdos ligados a ellos, tendría que hacer hincapié en las jornadas veraniegas junto a la fuente de Basaintziturri, lugar al que acudía con mi familia para pasar el día plácidamente. Allí saboreábamos gruesas tortillas de patatas y de chorizo, la ensaladilla rusa, que nadie componía como mi madre, y los filetes empanados, bien de carne o de atún. El agua fresca de la fuente nos bastaba para acompañarlos, aunque portásemos además la neverita llena de refrescos y el vino y la gaseosa para nuestro padre. Los más osados nos adentrábamos por la tarde en la cueva, pero eso no me impedía primero dormir la siesta placidamente bajo un haya enorme. Después, antes de irnos de vuelta, recolectábamos unas pocas fresas silvestres (*marrubis*), sólo las necesarias, las cuales ingeríamos como una exquisitez. Mamá las preparaba maceradas en vino tinto, o en leche, con un poco de azúcar. O las tomábamos solas, tal cual, in situ, porque su sabor era y es incomparable a pesar de ser tan pequeñas.

La siguiente etapa de mi vida por las *Amezcoas*, ya en la juventud, fue como miembro del grupo de Espeleología de la Institución Príncipe de Viana. Con Agustín, *el Pecas*, *Forges*..., tras pasar la prueba de fuego de rigor, penetré a un buen número de cavidades subterráneas, aparte de las consabidas cuevas de Basaula y la de Los Cristinos. Las experiencias y aventuras que guarda mi memoria de aquellos años me resultan aún muy cercanas, a pesar del tiempo que ha transcurrido. Incluyen dosis altísimas de camaradería, madrugones, aguaceros, comidas casi espartanas, como mucho una lata de sardinas o de calamares, y pateadas de horas y de horas. Y algún que otro regreso de vuelta a Estella en autostop, cargados como mulas con todo el material necesario, y encima a horas intempestivas y a menudo con climatología adversa. Hasta recuerdo el rescate de un perro pastor de la sima del kilómetro 2 de La Aguarana, donde también había varios cerdos putrefactos. En fin, que por aquel entonces también andaban por allí *los petroleros* (una compañía de prospecciones en busca de posibles yacimientos petrolíferos) abriendo pistas y más pistas, dejando señales y marcas por todos los sitios. Mientras, nosotros topografiábamos la superficie y el subsuelo de Urbasa para entregar todos los datos escrupulosamente a la Diputación Provincial, quien era a fin de cuentas quien nos patrocinaba. Las topografías realizadas en tinta sobre papel vegetal transparente eran verdaderas obras de arte. El más fino era *el Pecas*, pero Agustín tampoco le iba a la zaga, y los demás hacíamos lo que podíamos, sobre todo el trabajo "sucio" en las cavidades: medir con el cordel, mirar las inclinaciones y los grados de la brújula..., y anotar todo minuciosamente en aquellas libretitas.

Pero es que "de casta le viene al galgo", porque un tío-abuelo mío, allá por comienzos del siglo XX, anduvo con su caballo por aquellos bosques, rasos y entrañas de la Tierra. Lo hacía partiendo desde Estella, y prueba de ello es que se encontró una referencia suya al fondo de la cueva de Inoriturri, o Noriturri, como prefieran. Quiso dar fe de su presencia en aquel lugar con una tarjeta de visita, en la que especificaba que no era "presbítero", o sea que no era miembro perteneciente a la Iglesia. Por aquel tiempo, al parecer, los sacerdotes eran los únicos que se podían permitir esas actividades.

También anduve después por allí con un hermano medio naturalista y un biólogo de profesión y de vocación, naturalista entero. A los tres, en grata compañía de varias jornadas, nos tocó un tiempo de perros, con lluvia pertinaz y niebla cerrada aún más tozuda. Gracias a que uno de los pastores nos acogió en una de las ventas, donde dormimos sobre las mesas enfundados con nuestros sacos de dormir, tras cenar una sopa caliente que nos supo a gloria. ¡Qué alivio y agradecimiento sentimos!

Además acude a mi memoria aquella noche de ánimas en el refugio de Larraiza, junto a otros compañeros de clase y al cura que estaba al cargo del grupo. Hicimos de todo menos dormir. La luna llena nos permitió bromas y más bromas. Por último, para no extenderme, recuerdo la primera que pasé en el monte solo. Fue en el mismo lugar.

Al principio andaba tan timorato que unos sonidos extraños me pusieron en guardia. Hasta comprobar enseguida que era un ratoncito que andaba en busca de las migas que habían caído de mi bocata y que allí se estaba más tranquila y plácidamente que otra cosa. Me sentí como un idiota y estallé en una carcajada. Encima se escuchaba el canto de un búho, el del cárabo para ser preciso, que es algo que me encanta, más incluso que escuchar una sinfonía de Beethoven, aunque las comparaciones sean odiosas.

Después vendrían muchas noches más: en la choza de Lidau, junto a los pasos de Uia; en Igarate, Bagaio... O en el mismo meollo del Nacedero del Urederra, cuando aún no estaba prohibido ni era reserva natural. Una de estas últimas —pasé varias—, fue en lo más alto, junto a la presa que contiene el nacimiento y desvía el agua hacia el canal hidroeléctrico; allí estuve durmiendo tan tranquilo. Pero la noche comenzó a complicarse, primero con una ligera tormenta y algunos relámpagos. No pasa nada, me dije. Hasta que de repente cayó un rayo en ese escenario tan apoteósico, que produjo tal estruendo, que me sobresaltó muchísimo. Gracias a que no pasó de ahí el sucedido.

Aún conservo por algún lado una fotografía de cuando tenía unos diez años, en la que estoy cortando con un hacha un tronco caído. Creo que me la hizo mi padre, junto a lo que llamábamos la "Caseta de los Camineros" de la fuente del Encino. Es la que se encuentra en el merendero del paso estrecho de Inzura, junto a la carretera y bajo la peña que albergó el poblado de Amescoazarra. He de decir que esta vocación por las leñas, el hacha, las cuñas, la maza y la motosierra me vienen por tanto de muy lejos en el tiempo. Por aquel paraje solía yo "engañar" a mis hermanos, sobre todo de regreso a Estella, diciéndoles que veía entre los árboles jirafas, rinocerontes, leones e incluso elefantes, ellos me decían: "¡qué imaginación tienes!". El caso es que teníamos en casa unas figuritas de animales de la sabana de África, y un fuerte del ejército norteamericano, amén de algunos soldados, caballos, y hasta indios. Mi hermano mayor les confeccionaba sacos de dormir a todos ellos —a los humanos—. Los patrones los hacía con retales sobrantes del negocio textil de mi padre, y los cerraba después con unos cosidos. Más tarde llegaría a ser cirujano; ahí también se vio venir otra vocación.

Mi madre, cuando coronábamos con el Renault 4 azul el alto de Inzura, le pedía a papá que aparcase un momento al lado de la carretera, al pie de los robles retorcidos y frondosos. Tras instarnos a todos a salir del vehículo —a los cinco hijos, mi padre no estaba incluido—, exclamaba, mientras su vista se perdía en la falda de Lokiz y en el amplio valle de Allín: "respirar hondo, a pleno pulmón, porque una sola respiración aquí equivale a comerse siete filetes". Y yo me lo creía como un tonto, así de inocente o de ingenuo era. Jamás lo olvidaré. El regreso era apoteósico, a pesar de haber pasado sólo un día en la sierra. Para mí era una aventura excepcional, casi tanto como marchar de expedición a la selva del Amazonas o a las sabanas de África. Así es la infancia. Pero claro, las carreteras y los vehículos eran otros y la afluencia en los años sesenta era aún bastante baja. Después comenzó a ponerse la cosa un poco peor, y después aún más, y más... Aunque siempre los peligros han estado ahí. De hecho se barajó un proyecto para convertir en embalse el cauce del Urederra, en concreto todo el tramo de Inzura, pero supongo que la inestabilidad del terreno o alguna otra causa le salvó de ello.

Para concluir esta sección de los recuerdos de la infancia, adolescencia y juventud, debo mencionar una de las experiencias más gratificantes que tuve. Fue la semana previa a las Fiestas de Estella, que comienzan siempre el viernes que precede al primer domingo de agosto. La madre de un amigo del colegio nos dejó estar varios días, solos, con sus noches, a media docena de mozalbetes en la chabola que tienen en las Limitaciones de las Améscoas. Lo pasamos en grande, tal es así que no quisimos bajar hasta el mismo viernes de fiestas por la tarde, sin asistir al cohete, reintegrándonos en la juerga por la noche, con una euforia tal que sólo podía ser fruto del aire natural de la sierra y de la libertad experimentada. Nos apañamos muy bien allí, había literas, fogón, y una fuente a pocos metros. Nunca olvidaré aquellos días. Una tarde bajamos a pie al pueblo, Aranarache, por el puerto y la ermita de San Lorenzo, donde la familia de mi amigo nos obsequió con una merienda estupenda. Recuerdo con especial deleite el dulce de higos, del cual nos pusimos hasta las orejas, así que luego nos costó bastante remontar el puerto hasta la chavola con la tripa tan llena.

III

Creo llegado ya el momento de dar a conocer algunos datos más sobre las sierras de Urbasa-Andía y Lokiz. Urbasa, al parecer, según el geógrafo navarro Alfredo Floristán Tamames, significa algo así como "muchas aguas". Así aparece al menos en su libro *Urbasa y Andía, solar de los navarros.* Esta obra ha sido y es para mí una de las referencias principales, junto a *Las Améscoas, estudio etnográfico*, de Luciano Lapuente Martínez. A fe de este último, según los datos lingüísticos tomados del filólogo Michelena —quien a su vez los extrajo de Julio Caro Baroja—, el sustantivo vasco *ametz* significaría quejigo. De ahí vendría el topónimo *Amescoazarra*, antiguo poblado defensivo situado en el desfiladero de *Inzura*, lugar poblado de quejigos, especie del género *Quercus* característica del clima mediterráneo, por lo que su significado sería este: lugar de quejigos, pero también hay otras opiniones. De *Amescoazarra* derivaría el término de *Amezcoa* y por extensión *Amezcoas* y finalmente valle de las Améscoas. Ello en contraposición a *aritz*, roble, árbol característico del clima oceánico atlántico, perteneciente también a la familia de los *Quercus*, y especie muy común en el valle de Améscoa. *Aritz belza* (roble negro) es el origen de *Aristubelza*, nombre que desde antaño se dio a la Junta de las Limitaciones de las Améscoas. Esto último aún parece más cierto. Según Luciano Lapuente hace referencia al término donde se reunía la Junta, situado en el cruce de Ecala.

La sierra de Urbasa tiene una superficie de unos 261 kilómetros cuadrados, sin la porción alavesa de Enzía; y con ésta suma un total de 297.

Equivalen a unas 11.399 hectáreas para Urbasa, incluida Enzía, de las que 4.700 pertenecen al Monte de las Limitaciones de las Améscoas.

Andía, por su parte, cuenta con unas 4.710.

La extensión de la sierra de Lokiz es la más modesta, aunque no desdeñable: unos 128 kilómetros cuadrados, y en consecuencia unas 2.500 hectáreas.

En cuanto a las coordenadas geográficas, Urbasa se sitúa entre los 2° 01' y los 2° 20' de longitud Oeste y los 42° 45' y 42° 53' de latitud Norte.

Lokiz se halla entre los 2° 05' y los 2° 22' de longitud Oeste; y los 42° 41' y 42° 46' de latitud Norte.

No es la prioridad de este trabajo una descripción geográfica pormenorizada de estas sierras, para ello están los estudios especializados; sino reflejar las experiencias acaecidas en estos parajes a lo largo de mi vida, incluidas por supuesto las actuales. Prefiero transmitir a los lectores mi amor por estos montes y valles a través del relato de las actividades realizadas y las aventuras vividas. Algunas de ellas las he ido escribiendo en varios cuadernos de apuntes. Parte fueron publicadas en prensa, junto con los estudios de Geografía e Historia, y el resto han quedado como reseñas en el tintero, a la espera quizá de ver la luz algún día.

De estas últimas voy a echar mano en las páginas siguientes, tal y como las plasmé en su momento, sin añadir nada superfluo ni efectuar cambios significativos, salvo las mínimas correcciones. Creo que tal cual hablan por sí mismas, son elocuentes, aparte de que deseo conservar su esencia y el ánimo con que las escribí.

Ya he descrito con anterioridad que he pasado miles de horas recorriendo las sierras del norte de Tierra Estella. Tal es así, que en su día me resultó casi imposible reseñar todas las salidas diarias o de varias jornadas consecutivas con sus noches, bien por falta de tiempo, de ganas, o de constancia. Por ello, tanto de periodos anteriores como de la última década sólo conservo el breve relato de parte de ellas. Van a continuación algunos:

«Sierra de Urbasa, 20 de septiembre de 1998: San Adrián (altitud sobre el nivel del mar: 1.113 metros.), Baiza (1.183 m), Hirnailtz (1.114 m) y Santa Marina (1.068 m).

»Desde el túnel del puerto de Lizarraga nos encaminamos por una pista en dirección oeste, junto a la peñera que da al norte hacia Echarri-Aranaz. Más o menos después de una hora, nos encontramos con la supuesta y dudosa calzada romana que desciende hacia las ventas Berri y Zumbelz, pasando junto a la sima Tximua. En las proximidades, sobre la cresta, está emplazada la ermita de San Adrián, desde donde se contempla el monte San Donato-Beriáin y una amplia panorámica de la Sakana y las sierras de Urbasa y Andía.

»Continuamos en la misma dirección, hasta llegar al vértice geodésico que marca la cumbre más alta de toda la vertiente nororiental de Urbasa: Baiza, de 1.183 metros de altitud. Al poco coronamos Hirnaltz, desde donde podemos acceder, descendiendo un pequeño trecho hacia el norte, a las caprichosas formaciones rocosas que se encuentran en la parte superior de la ladera septentrional de Urbasa.

»Desde allí hasta Santa Marina no hay mucha distancia. En total, desde el túnel, hemos andado aproximadamente dos horas y media. Ha sido una marcha suave, más o menos cómoda, variada y por tanto entretenida, por las cercanías del bosque y en ocasiones adentrándonos en él.

»Es una zona kárstica importante, con escasez de aguas superficiales, presencia de amplios claros, y por tanto de marcada actividad ganadera. La masa forestal se alterna con las zonas abiertas y hemos podido observar una gran familia de jabalís, con sus crías, que marchaban por uno de los senderos en fila india. Además se han dejado ver muchas chovas piquigualdas, buitres leonados y algunos zorros. En cuanto al bosque el predominio es de las hayas, aunque hay otras especies como espinos, fresnos, algunos robles, serbales, etcétera.

»Son de destacar también los megalitos, dólmenes y cromlechs, que son posibles monumentos funerarios o lugares de culto de la edad del bronce, casi todos ellos muy deteriorados por el paso del tiempo y las actividades humanas. Además, como es habitual del relieve kárstico de terrenos calizos, hay bastantes cuevas, simas, dolinas y uvalas».

«Sierra de Urbasa, 27 de septiembre de 1998: Garimendi (1.110 m), Krezmendi (1.120 m).

»La semana pasada estuvimos en la vertiente norte de Urbasa, en el día de hoy hemos visitado la parte del sur. Desde el antiguo palacio de Urra —a día de hoy más bien vivienda-caserío— ascendemos por el viejo puerto, ahora confundido por numerosas pistas forestales, hasta el frondoso collado que nos aúpa a la sierra, al este-sudeste de la cresta denominada Arripuia. Al subir vemos una fuente, de caudal muy pobre pese a las lluvias caídas en días anteriores. Se sitúa casi en el punto superior desde el que se accede al raso de Igarate. Toma el nombre del puerto: Piturri, cuyo collado se conoce también como el de las (ovejas) *latxas*, ya que por allí pasa la antigua cañada —señalizada a día de hoy como "Ruta del Pastoreo"—. Hemos intentado acceder a la cima, campo a través, pero la abundante vegetación y las profundas grietas del sustrato calizo nos han hecho desistir. Es una zona un tanto abrupta y peligrosa, a cuyos pies descansan bloques enormes desgajados de la peñera.

»Retrocedemos sobre nuestros pasos y, en dirección este-sudeste, alcanzamos la cima de Garimendi, donde el corte vertical es también acentuado e imponente. Imagen grandiosa sobre Urra y Artaza. Desde allí a la cima de Krezmendi no hay mucho trecho, y es magnífico. Se contempla un amplio panorama. Está enclavado un buzón en el punto culminante, sobre una roca de no fácil acceso. Reza grabada una inscripción: "Sonríe, porque es menos triste una sonrisa triste que la tristeza de no poder sonreír". Esta humilde cota, de 1.120 metros sobre el nivel del mar, es muy especial para mí. Ya la había visitado en unas cuantas ocasiones, desde la infancia. Disfrutamos de la vista de las sierras de Lokiz y de Codés, el Monte de las Limitaciones y parte del resto de Urbasa, Dulanz, sierras de Aizkorri (Aizgorri), Andía..., y hasta el Pirineo.

»Después hemos descendido al refugio del Club Montañero de Estella, que está enclavado en las inmediaciones de Larraiza y de las peñas de Echávarri. El albergue se encuentra en buen estado, aunque los pinares circundantes, que son de repoblación, se hallan bastante abandonados. A pesar de todo, hay abetos muy hermosos de buen porte. Muy próxima está también una fuente de la que mana un caudal aceptable y normalmente constante.

»Hay que reseñar las caprichosas formaciones calizas que se ubican en el entorno de Krezmendi, que son debidas a la erosión diferenciada, sobre todo por causa del agua y del hielo. Es una característica de la peñera de Urbasa y de los sistemas geomorfológicos de los relieves kársticos, así como la presencia de enormes bloques pétreos (erráticos) en las *aldayas* o laderas. Estos desprendimientos se vieron favorecidos por la gelivación, fenómeno que consiste en la rotura de las grietas por causa del hielo; el efecto cuña. Aún se incrementa por la disolución de la roca caliza propiciada por el agua. En algunos casos los descomunales fragmentos de roca, al caer y rodar, dejan un reguero apocalíptico de árboles caídos, de modo similar al que lo hacen los aludes de nieve, cuyo rastro perdura durante mucho tiempo.

»El regreso lo hemos realizado por otra ruta, volviendo primero a la base de Krezmendi y después, por una buena pista, hasta las proximidades de Urra. En total más de cinco horas de caminata, con un recorrido aproximado de 15 kilómetros.

»La peñera sur de Urbasa es mucho más frondosa que la Sierra de Andía, lo mismo que sucede con la del norte de Urbasa. La especie predominante es el haya. Andía, por su situación más oriental, y sobre todo por la deforestación debida a la actividad ganadera, posee una masa forestal en nada comparable a la de Urbasa».

«Sierra de Enzía (zona occidental de Urbasa): Atau (1.154 m), Mirutegui (1.164 m), Baio (1.197 m).

»Esta parte pertenece a la provincia de Álava. Existe un muro divisorio con Navarra (ya mencionado) que delimita ambas sierras con dirección norte-sur-sudoeste. Es el mismo que marca el Monte de Las Limitaciones de las Améscoas, aquí en su extremo noroeste. Esta frontera artificial se aprecia en la misma carretera forestal de La Aguarana, en forma de unos bloques de piedra que se han puesto para impedir el paso de vehículos entre ambos territorios. La punta Baio es el punto culminante de la peñera norte, tanto de Enzía como de Urbasa.»

Cabe recordar que en esta última sierra sólo Dulanz supera los 1.200 metros de altitud sobre el nivel del mar; mientras que en Andía casi todas sus cimas lo hacen y San Donato-Beriáin alcanza la cota de casi 1.500 m. Además, se da la circunstancia de que las cumbres más altas de Urbasa se hallan en el sector oriental-medio, sobre la brecha de Zumbelz, pegadas a Andía. Este hecho se explica por a la ruptura del mismo sistema geomorfológico, propiciado por la falla que discurre en dirección norte-sur, que separó y diferenció a Urbasa de Andía. Es una zona aún de actividad sísmica, dándose cada cierto tiempo algún terremoto que, aunque de baja magnitud en la escala de Richter, puede ser apreciado por el temblor y movimiento de objetos.

Pero la disimilitud es aún más acusada si tenemos en cuenta el carácter de sinclinal colgado de Urbasa. Debo explicar con más detalle que un sinclinal es una elevación perteneciente a una serie de montañas de forma ondulada, relieve conocido como Jurásico. Por tanto, es más elevado en el centro que en los bordes, lo contrario que sucede en la actualidad con Urbasa, que antes sí que lo era. Pero el hundimiento, y la posterior erosión diferenciada, acabaron por conformarla como es ahora, con las peñeras levantadas y con multitud de salientes y roturas (sobre todo en el Norte); mientras que el centro, sin embargo, es muy amplio y está bastante hundido. En consecuencia, su forma es la de una cubeta, o una artesa enorme: más baja la parte central, el Raso y el barranco de los Yesos, cuyas cotas a duras penas rondan los 900 metros de altitud, donde, por el contrario, comienzan a aflorar los sustratos más antiguos. Por todo ello se le puede denominar "sinclinal colgado".

Toda esta complejidad estructural tiene a su vez su explicación en la historia del planeta Tierra y su Tectónica de Placas. Durante el periodo Cretácico de la era Mesozoica, desde hace más de 130 millones de años hasta unos 65, se acumularon en el lecho marino cantidades ingentes de lodos y restos biológicos. La presión ejercida por el peso de semejantes masas, y sus diferencias según los episodios climáticos y biológicos, conformó los diversos estratos minerales. Durante los inicios del periodo Terciario de la era Cenozoica, acaecidos entre los 65 y unos 35 millones de años, los sedimentos fueron sobre todo caparazones y otros restos de animales marinos que contenían altas proporciones de calcio.

Los aportes del Mesozoico dieron origen a las margas grises que se aprecian en algunas partes en forma de superficies arcillosas, o en bandas estratigráficas, las cuales son bastante impermeables. Los del Cenozoico conformaron el sustrato de roca caliza que emerge con claridad en las peñeras, elevándose sobre los más antiguos y creando el relieve kárstico agrietado y descompuesto.

Todo a su vez se debe a la Tectónica de las siete Placas principales de la corteza terrestre que flotan sobre el manto, ya que, durante el periodo Terciario, la placa africana empujó contra la euroasiática. El proceso se conoce como orogenia Alpina e hizo surgir los Pirineos y los Alpes, entre otros sistemas montañosos. Este avance, muy lento pero paulatino, irrefrenable, elevó a su vez a nuestras sierras, y al resto de Euskal Herria, por encima del mar de Tetis, que se fue retirando poco a poco.

Pero otra característica que le confiere a Urbasa su carácter de sinclinal colgado, la prueba de que lo es, reside en el hecho de que en el centro, en el Raso, afloran también sedimentos posteriores, ya continentales, no marinos, pertenecientes al Oligoceno. Mientras, en las peñeras, más elevadas, se manifiestan con claridad los sedimentos marinos anteriores a la orogenia que hizo que se elevara el sinclinal.

Sin desviarme del tema principal de la sierra de Enzía, o sector noroccidental de Urbasa, diré por tanto que es un borde del sinclinal colgado de lo más interesante. Sucede así tanto en lo que a la hidrología se refiere, por el notable caudal en superficie; como por su carácter antropológico y su riqueza natural.

En cuanto al primero, la presencia de torrentes de aguas superficiales es atípica en Urbasa, salvo en el barranco de los Yesos. Los únicos cursos fluviales a destacar, la regata de Legaire de Enzía y la del barranco de los Yesos de Urbasa, se sumergen enseguida en sumideros. Este mismo fenómeno sucede en el río Uiarra (o Uyarra), de carácter ocasional y que delimita a las sierras de Urbasa y de Lokiz.

Los tres vuelven a emerger a cotas más bajas: el primero en la parte alavesa, al norte de su origen. El segundo en el nacedero del Urederra, al sur. Y el último en el nacimiento del Itxako, al este. Esto sucede normalmente al encontrar el agua los estratos impermeables característicos del periodo Cretácico: las margas. O bien por facilitarse su evacuación a través de grietas y conductos calizos. El líquido elemento, al contacto con el aire, disuelve la roca caliza, creando grietas, simas, cuevas y todos los relieves característicos del modelado kárstico. Después de estas aclaraciones, continúo con el relato de aquella época:

«La regata de Legaire, de la sierra de Enzía, nace en las proximidades de Atau, en concreto en las campas de Legaire, y se sumerge poco después en la balsa-sumidero de Agorita (Igorita). Los meandros que conforma sobre la verde pradera, a la altura del dolmen de Legaire, son de lo más caprichosos y sugerentes.

»En relación con los aspectos antropológicos, hay bastantes restos por la zona. Cabe destacar el cromlech de Mendiluce, o el dolmen de Akarte, aunque de este último queden menos vestigios.

»Respecto de la riqueza natural del entorno, viven allí una gran variedad de especies, tanto animales como vegetales».

IV

Gratos recuerdos, tiempos felices, pero hoy sin embargo me rondan las preocupaciones por la cabeza, y no las puedo evitar, no consigo zafarme de ellas. Están relacionadas con la querida sierra de Urbasa, y en concreto con mi adorado monte Krezmendi. En el mes y medio aproximado que llevo viviendo en Artaza, he estado en su cima, y en todas sus inmediaciones, ¡yo qué sé ya cuántas veces! Y es que se encuentra muy cerca, casi encima del pueblo, al este, un poco más allá de Arripuia. De hecho es el vértice sudoriental de la sierra de Urbasa, en cuanto a la geomorfología se refiere; pero no respecto de su administración, que en este caso corresponde al Concejo de Artaza. Las zonas limítrofes forman parte de los terrenos de Urra, del ayuntamiento de Améscoa Baja, Echávarri y Abárzuza, grosso modo. Resulta un placer inmenso recorrer estos parajes. Y en el pasado también acostumbraba a subir en bastantes ocasiones, desde hace décadas. Sin embargo, de un tiempo a esta parte he visto cantidad de hayas con unos puntos de pintura verde. Ya daba por hecho una tala inminente y un cambio drástico de imagen, un deterioro palpable en toda esta zona. Esta mala noticia se ha agravado al conocer que el corte de tantos árboles va a sufragar la rehabilitación de un edificio público en Artaza. En fin, que cuando me he enterado se me ha caído el alma a los pies.

Además, la pista que asciende desde Zufieta a Krezmendi la han acondicionado de tal modo, que casi pueden subir automóviles sin tracción a las cuatro ruedas, lo cual es un gran peligro para la conservación del entorno, al no existir ninguna regulación sobre sus usos. Lo mismo sucede con la que entra a Krezmendi desde la pista de las Limitaciones orientales, aunque sí esté regulado su acceso. El problema es que esta última antes sólo era más o menos practicable hasta donde se encuentra el muro que delimita la parte oriental del Monte perteneciente a las Améscoas. Pero, ahora, nuevas obras que incluyen un pequeño parche de hormigón, la hacen enlazar con más facilidad con la que asciende desde Zufieta y llega al portillo del Tambor —o muga de Echávarri—, donde ambas se encuentran.

Conclusión: que van a dejar Krezmendi, y su entorno, incluido Legarobi, las preciosas y únicas *aldayas*, hechos una pena, tanto por el gran número de hayas jóvenes y adultas que en breve van a desaparecer como por los estropicios y desaguisados que van a generar los trabajos forestales y las obras de acondicionamiento de los accesos para la maquinaria pesada. Estas huellas de unas actividades humanas, en mi opinión poco sostenibles y respetuosas con el medio ambiente y con su riqueza natural, van a perdurar durante años y suponen además un peligro grave para el futuro, al sentar un precedente que denota quizá muy poca sensibilidad hacia "nuestro" propio patrimonio.

A mi modo de ver, ya que no estoy en contra de las talas comedidas, realizadas mediante métodos menos impactantes, no debería sufragarse la obra pública a costa del bosque, ni aunque en parte se reciban subvenciones. Ya sucedió lo mismo en Aranarache con el arreglo de sus calles, hace años. Entonces se taló en la sierra de Lokiz, a los pies del monte Larraineta, una porción considerable de terreno. Fue de manera tan indiscriminada, que no se dejó ni un solo ejemplar de haya en todo el perímetro, que a día de hoy permanecería más o menos desolado si no fuera porque la Naturaleza posee una insólita capacidad de regeneración, aunque no parezca aquello lo mismo ni por asomo.

Meditemos sobre todo ello, de forma calmada, con actitud dialogante. No quiero que esto lleve a una confrontación. Entiendo los motivos que hacen actuar de ese modo, pero desde luego que no los comparto. ¡Ojalá fuese rico y dispusiera del dinero para costear la obra de rehabilitación, evitándose así el deterioro de unos montes tan extraordinarios! Pero desgraciadamente no es así. ¿No sería posible buscar otras formas de financiar el proyecto?

¿Talas?: sí, si no queda otro remedio; pero al menos hechas con respeto, moderación y prudencia y no como fuente de recursos inmediatos, de dinero fácil al que se le puede echar mano cuando convenga. ¿Venta de la madera?: como un recurso sostenible y siempre en relación con el cuidado de la masa forestal, con su máximo aprovechamiento, con eficiencia pero alejando el concepto de explotación. ¿Infraestructuras artificiales e impactantes?: las menos, sólo las estrictamente necesarias, poniendo siempre por encima la continuidad de los montes que nos vieron nacer y nos verán morir, y sin olvidar nunca la obligación de dejar un buen legado a nuestros hijos. En mi opinión, la de algunos vecinos y otras personas ya ancianas, los responsables de hoy no cuidan el monte como lo hicieron nuestros ancestros, ni lo valoran del mismo modo. Es aún pronto para extraer conclusiones precipitadas. En resumen, quizá se me considere cursi por expresarme del siguiente modo; pero sí, yo amo los montes de Urbasa, desde niño, y sin ellos no puedo vivir, prefiero morir a verlo degradarse. De ahí derivan mis temores, sobre todo cuando llegan esas olas de calor tan devastadoras.

Tampoco me parece bien que se realicen ciertas prácticas por alguna o algunas personas. Me refiero a los "anillamientos" de los árboles, actividad que consiste en crear dos incisiones continuas, paralelas y horizontales, con la motosierra, más o menos alrededor de la base del tronco, con el fin de que no circule la savia externa y así matarlos lentamente. Se suele utilizar esta técnica —que aunque parezca mentira es legal— cuando el derribo inmediato de los árboles resulta peligroso por su emplazamiento, pero aun y todo ni por esas la acepto. Lo mismo me posiciono contra el descortezamiento de robles, como si fuesen alcornoques, desconozco con qué motivo y finalidad, aunque creo que es el mismo. Incluso los árboles y arbustos deberían estar libres de ser objeto de cualquier otro tipo de maltrato, ya que también sienten y padecen, a su manera, de un modo vegetativo. Les afectan los excesos de calor, la disminución de las precipitaciones, las agresiones, las plagas propiciadas por el cambio climático... Son seres vivos, muy sociables en el caso de las hayas, las cuales se cuidan y protegen entre ellas, alimentando a su vez a los retoños con una solución azucarada a través de sus raíces. Por lo que hay también que evitar clavarles diferentes objetos, como alambres de espinos, carteles, etcétera, que al tiempo, con el crecimiento natural, se insertan en su interior. Es otra práctica casi cotidiana. Y no debo tampoco olvidar de mencionar el desbroce de algunas zonas de los terrenos comunales, realizadas más o menos por libre, sobre todo de bojes, pero también enebros e incluso alguna que otra sabina roma. Y menos aún dejar el ramaje cortado in situ, lo cual aumenta el riesgo de incendio en el encinar, por ejemplo, ya que las hojitas secas del boj son extremadamente inflamables durante los abundantes episodios de calor y sequedad extrema.

Espero que todo ello nos dé que pensar y, sobre todo, que la actuación en Krezmendi y sus alrededores sea lo más leve posible, puesto que para mí desde muy joven ha sido un enclave que me atrevería a calificar de sagrado, aparte de ser hermosísimo, único. Sin embargo, la realidad es otra. Esta tarde mismo, sin ir más lejos, he visto una pala excavadora en acción. Estaba desmochando las ramas de los árboles de la pista que accede desde Zufieta, partiéndolas con el cazo, a fin de ensancharla y facilitar el paso de camiones, y por supuesto sin ningún miramiento.

También se están realizando obras con maquinaria pesada en las inmediaciones del acceso al Nacedero del Urederra, al parecer para la mejora y reparación de las tuberías que abastecen de agua a los pueblos cercanos. Al menos en este caso hay un motivo concreto que es para mí justificable, aunque tampoco resulte grato escuchar el ruido de los trabajos en pleno mes de agosto.

En fin, que lo que menos me esperaba es que tendría que volver al activismo medioambiental. Estos cuatro años anteriores he vivido en la Naturaleza del modo más sostenible que he podido, sin conexión a la red eléctrica, al gas natural, internet, y ni siquiera al suministro de agua. Ha sido mi modo de contribuir a la causa, aparte de ser feliz así. Sin embargo, ahora que estoy en el pueblo de Artaza y cuento con todas las comodidades en un entorno privilegiado, el bosque a mi alrededor peligra por los intereses económicos y otras decisiones político-administrativas. Es así hasta tal punto, que casi resulta inconcebible.

Ayer estuvimos en el monte inspeccionando las hayas que se han marcado en los diferentes lugares de Krezmendi y alrededores, así como las pistas por donde van a acceder los camiones y toda la maquinaria que se requiere para esta explotación forestal. Deprimente. Incalificable. Una pena, una gran pena. No me cabe en el entendimiento qué criterios siguen para seleccionar los árboles que van a ser sacrificados, bastantes de enorme valor natural y escaso valor económico. Lo mismo que los lugares en los que se emplazan, bien por situarse en taludes, donde asientan las laderas, o por estar en parajes de gran atractivo e interés científico. El daño que se le va a hacer al monte va a ser muy intenso, según mi valoración, la huella que va a quedar de esta actividad humana permanecerá durante bastantes años, si es que llega a recuperarse del todo. El precedente que se sienta es muy peligroso.

Ahondando un poco en los motivos de todo este "batiburrillo", el Concejo de Artaza (no el actual) adquirió una nave en desuso. Más tarde se recibió una subvención del Gobierno de Navarra, destinada a la rehabilitación del inmueble. Eso pareció animar a las autoridades, y a los vecinos, quienes tras ser consultados se mostraron a favor de la iniciativa. Sin embargo, solamente para el inicio del proyecto se necesita otra cantidad similar a la que se abonó (decenas de miles de euros), que es impensable que salga de la venta de la madera que se va a extraer. El precio que se paga por ella es bajo, aún más que años anteriores; mientras que los costes de remodelación de pistas son muy elevados, así como intensos sus impactos negativos. Además, según me informan, existe la posibilidad de que lo talado, al menos en parte, se destine a la fabricación de papel. Por si fuera poco no debe de haber ningún plan sobre el uso y la gestión del mencionado edificio público, al menos de momento no me consta. Y, además, con anterioridad, cuando ya se acondicionó otro espacio-vivienda destinado a su alquiler, en la planta superior de la Casa del Concejo, el aprovechamiento fue muy deficiente, por no decir nulo. Estos datos me los han trasmitido algunos vecinos del pueblo con mucho disgusto, ya que yo los desconocía. Ha supuesto toda una sorpresa para mí, por supuesto nada grata, pero aun y todo debo corroborarlos. De momento son opiniones recogidas a pie de calle.

Las más controvertidas que he escuchado, con las que no necesariamente estoy de acuerdo, son demasiado comprometedoras. Le he dado muchas vueltas al tema y por ello finalmente voy a omitir las identidades de las personas implicadas. Los hechos en sí se refieren a algunos representantes de cargos públicos. Incluyen los cortes de bojes que se realizan por libre, el anillamiento de hayas y los descortezamientos de robles. Me enseñan también fotografías de la lana de la esquila de las ovejas tirada en el campo y de un viejo remolque de tractor abandonado junto a la Calera desde hace años.

Me quedo anonadado. ¿Será cierto todo ello, o se tratará de simples rumores malintencionados? A día de hoy no puedo certificarlo más que en parte. Observo una convivencia pacífica y armoniosa entre los vecinos del pueblo. Lo mismo sucede conmigo, todo el mundo se muestra más o menos amable, incluidas algunas de las personas a las que hacen mención las críticas.

La mayoría comulga con ruedas de molino —prosiguen con su discurso—, bien por interés, ignorancia o por temor a denunciar cualquiera de sus actividades, de las cuales algunas de ellas parecen poco claras. Por otro lado, se beneficiarían de todos los privilegios relacionados con sus cargos, actuando al parecer de forma poco transparente e interesada.

Me parecen por tanto acusaciones graves, de las que por prudencia vuelvo a decir que me desmarco, que así quede bien claro en este escrito. Pero como una de mis labores es informar a través de esta crónica, así lo hago.

“También se han ido cediendo gratuitamente terrenos comunales al camping de Artaza —me dicen al final—, a expensas de los propios vecinos del pueblo, para quienes deberían estar destinadas esas parcelas.”

Me quedo casi noqueado, parece imposible que algo así pueda suceder. De momento, no quiero prestar mayor credibilidad a estas acusaciones, pero no puedo quitármelas de la cabeza.

Respecto de la actuación que se proyecta en Krezmendi, que es más tangible, si deseo estar bien informado, debo contrastar lo que ya sé con la otra parte, con la interesada en la explotación forestal. De momento sólo lo he hecho mediante conversación telefónica con uno de los responsables del Departamento de Desarrollo Rural y Medio Ambiente del Gobierno de Navarra, en concreto con el ingeniero técnico forestal al cargo de las demarcaciones de los árboles que se van a cortar. No es poco, si quieres empaparte bien de algo, vete a la fuente de donde mana el agua, me digo a mí mismo.

Pues bien, durante nuestra charla, que ha durado una media hora, se ha mostrado amable y respetuoso conmigo. Ello no quita que haya defendido tanto la legalidad de la actuación prevista en Krezmendi como en Legarobi. Este término toponímico hace referencia a una de las *aldayas* de la sierra de Urbasa, la del lado del este, superficie perteneciente al Ayuntamiento de Améscoa Baja. Del mismo modo, ha defendido su beneficio medioambiental, algo con lo que no estoy de acuerdo, al menos de la forma como se va a realizar. Respecto a mi pregunta sobre el influjo del cambio climático en el bosque, me ha respondido que las actuaciones son beneficiosas porque lo aclaran. Sin embargo, me consta que si las hayas reciben una insolación intensa y prolongada en el tronco, acaban muriendo. Y la realidad es esa, que cada vez se abren más claros, y aún se abrirían más si se permitiese hacerlo a los ganaderos, autoridades locales y a las personas involucradas en la extracción maderera, sectores que parecen los más proclives a ello por razones obvias.

Sin embargo, uno de los mayores atractivos de la sierra de Urbasa es la frondosidad de su bosque atlántico caducifolio, en el que el haya es el representante principal desde hace cientos e incluso miles de años, desde la última glaciación. Hemos olvidado que nuestros ancestros sobrevivieron en ocasiones gracias a la ingesta del hayuco, el fruto del haya, y que fue un árbol sagrado. La densidad de la masa forestal permite la existencia de musgos, hongos, líquenes, helechos y arbustos que retienen la humedad, mientras que los claros excesivos facilitan la entrada de los rayos solares y en consecuencia la desecación del terreno. En Urbasa ya hay suficientes hectáreas de espacios abiertos: rasos de Legaire, Ebiso, Aranzaduya,

Lezamen, Basainziturri, Arratondo, Urgunza, Airola, Ekaiza, Barranco de los Yesos, Igarate, Juangorri, Otxaportillo, Oldériz...

La disminución de árboles en laderas y taludes facilita las escorrentías, durante las precipitaciones intensas en cortos periodos de tiempo, cada vez más habituales. Así se elimina poco a poco la tierra de la capa fértil del suelo, en suma de sus nutrientes. Otro fenómeno negativo resultante es el de los deslizamientos de amplias superficies. Estos hechos se ven favorecidos por la erosión generada de las actividades humanas, como el tránsito de vehículos, en los cuales se incluyen las motocicletas y quads que a menudo circulan fuera de pistas y degradan los espacios naturales. Debo recordar la normativa que impide transitar por zonas restringidas y nunca por senderos, salvo por pistas de al menos dos metros de anchura en las que esté permitido hacerlo, y a velocidad moderada. Y, por si fuera poco, la disminución de la masa forestal sería un factor negativo que generase una menor incidencia de las precipitaciones y también de las lluvias horizontales, de las nieblas, fenómenos cada vez menos frecuentes.

El mismo ingeniero forestal me ha declarado, sin tapujos, que las actividades forestales están sujetas al beneficio económico como primera motivación. Y que si se dejan otras zonas de la sierra libres de la explotación maderera es por causa de que generan otros beneficios derivados del turismo rural, por ejemplo el "bosque encantado" que se encuentra en las Limitaciones occidentales, encima de Larraona. Al menos ha sido claro y sincero. Respecto al deterioro producido por la maquinaria pesada, ha argumentado que ésta es cada vez menos agresiva, porque cuenta con mayor número de ruedas y así se reparte la presión que ejerce, aspecto con el que tampoco estoy conforme. Se sabe que el suelo sufre daños irreparables por la presión de los vehículos empleados en la selvicultura "industrial".

En resumidas cuentas, buenas palabras pero la tala de Krezmendi al parecer no hay quien la pare. No me doy por vencido tan fácilmente: al menos seguiré luchando mediante el diálogo, el conocimiento veraz de los hechos y la difusión de este tipo de escritos conservacionistas.

V

Han transcurrido ya casi dos meses desde que vine a vivir a Artaza, que coinciden más o menos con los dos primeros del verano de 2024. El balance hasta ahora es muy positivo: hacía años que no pasaba una temporada estival tan fresca y tranquila. En comparación con los años anteriores, como la noche y el día, como el blanco y el negro. No obstante, este solsticio se está caracterizando por ser un poco más suave en el norte, en contraposición a lo que está sucediendo en el resto de la Península.

Lo que más estoy haciendo, como es lógico, es ir al monte. Aquí la Naturaleza es exuberante, a pesar incluso de que no esté lloviendo demasiado que se diga durante estos meses veraniegos. De momento me he movido por rutas más o menos próximas al pueblo, por los alrededores de Artaza, Gollano y Baquedano, sin apenas hacer uso del vehículo para aproximarme a lugares más alejados. Esto no quita que me haya dado mis buenas pateadas, incluyendo el Balcón de Pilatos y las inmediaciones del Nacedero del Urederra, donde me he refrescado en unas cuantas ocasiones, pero fuera de la reserva natural, ya que allí está prohibido.

La casa que habito me da muchas satisfacciones. Si se tiene cuidado de cerrar las contraventanas durante las horas de mayor insolación, se mantiene fresca, sobre todo la planta baja, que tiene un aire de bodega por estar una parte un poco soterrada respecto al terreno circundante. El piso de arriba también es muy agradable y el dormitorio muy silencioso y acogedor. Además cuento con una estancia dedicada a estudio-escritorio y biblioteca, desde cuya ventana se aprecia el circo del Nacedero, con su parte alta a la que llamamos el Balcón de Pilatos, aunque el topónimo sea el de Ubaba. Y también una porción de la sierra de Urbasa, en concreto Larregoico, donde estaba la antigua nevera o nevería.

Allí, en una dolina rocosa, que es un hundimiento del terreno previo a la formación de una sima, conseguían conservar el hielo, mediante un prensado de la nieve y la superposición de ésta con capas sucesivas y alternas de hojas de haya o helechos. De este modo se podía contar con ese refrigerio hasta en los meses más calurosos. El hielo era muy solicitado para la conservación de medicinas y alimentos y además para componer refrescos. Por ejemplo, el Regimiento (Ayuntamiento) de Estella sacaba a subasta su suministro, como consta en las *Actas de Sesiones*, y era abastecido por gentes de Améscoa, posiblemente de la nevera de Larregoico. En Lizarra existió otra muy antigua, junto a la Chantona, un paraje pegado al río Ega, colindante con el paseo de Los Llanos; pero, claro está, en verano el hielo se derretía.

Aclarada esta curiosidad, desde otras habitaciones de la casa se pueden contemplar las crestas de Arripuia y de Krezmendi, situadas más al este. No obstante, cada dos por tres paso unos días en la finca de Allo. Pese a lo espectacular de la naturaleza de Artaza, la vivienda no deja de ser una casa de pueblo, y por lo tanto no es comparable la libertad que se siente estando en medio del campo. Todavía no me he acostumbrado del todo a vivir rodeado de gente. Pero el calor aprieta allí con mucha intensidad y sólo puedo permitirme ir cuando el viento sopla del norte y bajan las temperaturas. Por eso, estoy siempre pendiente del parte del tiempo y, en cuanto se presenta la más mínima ocasión, recorro los poco más de treinta kilómetros que separan ambas localidades.

En estos dos sitios tan opuestos pero complementarios tengo, como es lógico, personas conocidas y algunas amistades. Este movimiento pendular me aporta bastantes satisfacciones. En Artaza he conocido gente nueva durante este periodo, aparte de todos aquellos y aquellas que ya había tratado con anterioridad.

Otra causa de enorme regocijo son las comidas que realizo, sobre todo a base de vegetales. Tanto en uno como en otro lugar hago acopio de buenos productos de la huerta. Este año en la finca no he plantado nada la primavera pasada, por motivo del traslado. En Artaza le compró a Josete, un buen tío, muy tranquilo, que cultiva en ecológico. Vive con Sole, que también es bastante simpática y amable conmigo. Primero le encargué veinte kilos de patata nueva. Suelo prepararlas cocidas, junto a las remolachas y zanahorias, y después le añado rodajas de pepino, cebolla tierna, tomate, lechuga, ajo... También las sazono con especias como el orégano o la pimienta negra molida, y acabo añadiéndoles unas aceitunas encurtidas de casa, aceite de oliva virgen extra del trujal de Arróniz y escamas de sal. En resumidas cuentas, que compongo unas ensaladas increíbles, de lo más deliciosas, frescas y saludables. ¡Yo qué sé las que llevo ingeridas este verano!

Cuando estoy en la finca, Mari me surte también de todo, a modo de obsequio que yo correspondo con otros presentes como el queso de oveja *latxa* de Urbasa elaborado por Marta, la de Aranarache. Yo creo que hacía mucho tiempo que no me alimentaba tan bien. Pero claro está, no todo son legumbres y frutas, también como pescado y algo de carne, sobre todo con arroz y verduras. Y por si fuera poco suelo almorzar un trozo de longaniza picante, queso, pan y unos tragos de vino de la bota.

En Artaza, si quieres te traen el pan a domicilio, lo cual es toda una ventaja. Solamente es necesario estar a la hora, y ni siquiera eso, basta con una llamada al móvil de la repartidora. Bueno, las repartidoras: Sole, la mencionada pareja de Josete; y Alba, ya que se alternan una semana una y la siguiente la otra. Lo único malo son los bocinazos de aviso.

Poco a poco ya iré reseñando las personas con las que más me trato en Artaza, del mismo modo como lo hice con las de Allo en el relato *De sueño a pesadilla*. La verdad es que últimamente no estoy escribiendo mucho, al menos en comparación con otros periodos, aunque es algo que suele sucederme durante el verano. Aun y todo lo voy haciendo, de hecho a lo tonto (o a lo listo) ya llevo unas cuantas páginas, bastante variadas, de este último libro al que he puesto por nombre *Krezmendi*, en honor a este monte del extremo suroriental de Urbasa que tanto aprecio. El mismo que ahora está amenazado por la tala inminente de la que ya he hablado en páginas anteriores y que, muy a mi pesar, ocupará aún unas cuantas más.

Hoy escribo todo esto en la finca. Y es que, paradoja o no del destino, en la cabaña me resulta más fácil teclear en el ordenador. Quizá sea también porque aquí por las tardes resulta imposible pasear a cuenta de las elevadas temperaturas, el castigo abrasador de los rayos solares y la ausencia de bosques y de sombra. Cae un sol de justicia, que en Artaza se puede torear con más facilidad yendo al hayedo, junto a las regatas que bajan de la fuente de Iturza, que hasta hace poco corrían alegres y refrescantes. Y no olvido el tema de los ruidos, que en Allo es insoportable, mientras que en Artaza es muy baja la contaminación acústica, mucho más llevadera.

De nuevo en la finca, vuelvo a escribir después de recoger unas cuantas almendras, que están ya a punto de caramelo, con la piel protectora abierta como si fuesen mejillones de las rías gallegas. Este año hay una cosecha espectacular, que ya prometía allá por el mes de febrero, a finales, cuando vino la floración de forma explosiva. Estos días ha habido buenas tormentas y la lluvia ha caído con abundancia, de momento sin hacer ningún estropicio. Hoy termina agosto, un mes que no es demasiado de mi agrado, tanto por el calor que suele hacer como por las aglomeraciones veraniegas. Ya pasó, un año más. Veremos cómo se dan el otoño y el invierno. Supongo que iré a Almería, al cabo de Gata, a pasar una temporada. Eso es todo; hoy tengo más ganas de leer que de teclear.

Estoy esperando a Fernando, el hombre que me trae la leña con un todoterreno muy potente y un remolque que bascula. Mil kilos para el fogón de Allo, cuya chimenea hoy he limpiado por la mañana;

y otro tanto para la cocina económica calefactora de Artaza. Siempre le compro al mismo, ya que la relación se ha consolidado después de cuatro años. Me trae mezcla de haya y de roble, así éste se anima, ya que su combustión es más muerta y por otro lado dura mucho tiempo y deja buena brasa. El haya calienta bien pero se consume antes y apenas deja rescoldos. Le tengo muy bien pillado el punto. Por ejemplo, si enciendo por la mañana temprano y regreso al mediodía, o incluso a la tarde, con un buen tarugo de roble y el tiro casi cerrado consigo así mantener el fuego en los meses más fríos.

Sin embargo, la cocina de la casa de Artaza me ha dado algunos problemas, hasta que se ha limpiado la chimenea, que estaba llena de telarañas. Ahora espero que vaya bien el artilugio, el cual, por otro lado, es fenomenal, porque, aparte de calentar todos los radiadores de la vivienda, se puede cocinar en ella y asar en el horno.

En el pueblo, cambiando de tema, me dedico también a estudiar un poco el mundo de la botánica: árboles, arbustos y plantas; así como a leer algunos trabajos interesantes sobre Geología y Geografía física y humana. También a ampliar conocimientos sobre la fauna autóctona. Suelo contemplar de vez en cuando el vuelo majestuoso de los quebrantahuesos, alimoches, buitres, aguiluchos, milanos, etc. Hace poco vi a un quebrantahuesos posarse en una pradera donde suelen arrojar patas de cabrito. Anduvo por allí un rato paseándose como Pedro por su casa. Se podían apreciar hasta sus bigotillos.

En mi vida actual hay, pues, de todo un poco: tanto debo dedicarme a solucionar problemas técnicos como a disfrutar de la vida natural en sus diferentes aspectos. Las relaciones sociales se van animando; voy conociendo gentes nuevas, algunas dignas de mencionar, aunque ya iré incidiendo en este terreno. Todavía no he encontrado ese punto de calma y de interiorización, por causa de que no paro y debo atender y mejorar tanto la casa de la montaña como la finca de secano. Ambas son la antítesis. La primera está situada en una zona más elevada, con muchos bosques alrededor, y es fresca y lluviosa, representativa del clima oceánico. La otra se emplaza en el límite entre la Zona Media occidental de la Navarra no montañosa y La Ribera, por tanto con acusadas características mediterráneas, y algunas continentales como la sequedad estacional y las heladas del invierno. Tienen similitudes en cuanto al rigor invernal, mayor en la montaña, pero aun y todo son como el Yin y el Yan, opuestos pero complementarios.

VI

Amanece un día bastante lluvioso. De hecho, ya antes de clarear ha estado jarreando. Es la segunda ocasión que tecleo frente al ordenador en el escritorio que me he apañado en la planta de arriba de la casa. Estamos a comienzos del mes de octubre y, aunque no hace frío sino más bien lo contrario, se agradece tener encendida la cocina económica calefactora, que templa también todas las habitaciones. Desde la ventana de la "biblioteca" contemplo ahora mismo el Balcón de Pilatos. Ya han pasado tres meses desde que me vine a este paraje tan extraordinario y la verdad es que es un remanso de paz, sobre todo entre semana: no se escucha prácticamente ni un ruido, y menos por la noche. El fin de semana es harina de otro costal, hay más movimiento y las motos y los quads hacen de las suyas por el monte, pero como me suelo ir a Allo… Aunque éste si que es el infierno de los ruidos: "Ruidolandia" lo bauticé. Aun y todo me encuentro también allí bastante bien, sobre todo por la libertad que me brinda estar en medio del campo, apartado, más o menos solo, sin vecinos. Eso no quita que me guste alternar con las amistades y conocidos que tengo por allí. Por ejemplo, el domingo estuve con Carlos, el ingeniero y aventurero a quien ya cité en el libro *De sueño a pesadilla*, cuya maquetación de momento parece que está algo estancada. Hacía tiempo, cambiando de tema, que no escribía de forma tan fluida como ahora. Pues bien, a lo que iba, que estuve con Carlos, ya que me acerqué hasta la finca que tiene junto a la central hidroeléctrica de Lerín, pegada a la presa que están remodelando con maquinaria pesada. Según me contó, es para permitir el acceso de los peces al curso alto del río Ega, con el fin de facilitar el desove. Pero no es esto lo que quiero contar, no al menos lo principal; sino que me dijo que enseguida se marchaban para el África subsahariana, a Guinea Conakry, a acabar de montar una escuela que su fundación está gestionando. Es un tío muy majo e interesante y encima me obsequió otra vez con algunos productos de su huerta. Precisamente ahora he bajado a la planta de abajo a hurgar en el frigorífico en busca de fruta y he encontrado un poco de uva-moscatel que también me regaló. Tenía un poco de sed, porque he almorzado media tortilla de champiñones silvestres, que encontré ayer en el monte, y pimientos verdes. Me quedó de anoche, ya que lo hice aposta: la preparé abundante y con tres huevos. Así que no era el caso de zampármela entera y luego quizá no pegar ojo. Los pimientos también fueron obsequio suyo. Sin apartarme del tema principal (que es uno de mis defectos a la hora tanto de escribir como de hablar), el caso es que tardan catorce días en llegar a su destino, porque el larguísimo trayecto lo hacen en vehículo todoterreno, solventando claro está infinidad de obstáculos. Sin olvidar el peligro que supone atravesar Mali, por ejemplo, por donde deben transitar con un escolta armado de fusil que tienen que costear ellos.

En fin, que acaba de pasar Alba, la repartidora del pan, encuentro que casi ya se ha convertido en cotidiano, entre otras cosas porque le dejé el libro *Confesiones de un Parricida*, el cual le gustó. Le he dicho: "Me abstraigo tanto cuando estoy escribiendo, que me había olvidado de que estaba sin pan, más vale que la bocina de la furgoneta me ha devuelto a la realidad".

Es sábado y he vuelto a la finca de par de mañana, después de comprar media docena de costillas de cordero lechal, que después las he asado a la brasa. ¡Qué delicia! Más tarde he llenado dos barcas de membrillos, estupendos. Ya van cuatro cajas cosechadas y así voy pudiendo repartir a quien se me antoja. Nati, a cambio, por decirlo de alguna manera, me correspondió con cuatro tarrinas de dulce, amén de unos botes caseros de pimientos del piquillo y de mermelada de ciruelas. Me encantan este tipo de presentes. Lo mismo ha sucedido este año con los almendrucos. Ha habido cosechón, por dos motivos: la ausencia de heladas en abril y la generosidad de las lluvias. ¡Gracias a la vida, abundancia de buenos alimentos por doquier!

En Artaza hay también un montón de nueces buenísimas, ya tengo una cesta entera. Por si fuera poco he puesto cuatro botellas de pacharán. Gregorio, en agradecimiento por otros membrillos que le di, me obsequió con una de la cosecha de arañones del año pasado, cuyo contenido lo voy catando a sorbos, después de comer alguna que otra manzana asada en el horno de leña. ¡Está cojonudo! Mi abuelo materno, ahora me viene el recuerdo, como no soltaba tacos, porque era bastante puritano y fino, en vez de esta expresión se agarraba el nudo de la corbata: "cojo nudo", daba a entender. En fin, gracioso o no, que hay bastante deleite en mi vida.

El grueso de la leña lo guardo en la actualidad en la finca de Allo. La tengo tapada con un plástico enorme, de esos negros que se compran en cualquier tienda de suministros, y en cuanto llego y sale el sol la pongo a secar y la organizo. Suelo rajar parte con una maza-cuña. Me gusta más que el hacha. Con una pequeña preparo después buenas astillas con las que encender el fuego y organizar enseguida una buena barbacoa. Desde el campamento base voy llevándola al pueblo, en la parte trasera del coche, ya que allí dispongo de una leñera cubierta pequeña pero que es un primor. Lo mismo: preparo un montón de astillas finas y todo lo necesario para encender y alimentar la cocina económica calefactora. En fin, ¿qué más se puede pedir? Para mí el fuego y la leña son elementos imprescindibles, forman parte de mi existencia desde siempre.

VII

Transcurridos ya cuatro meses desde que vine a vivir a Améscoa, el saldo sigue siendo muy positivo. Por otro lado, conservo aún la finca, después de dos amagos de venta que casi estaban cerrados; pero, por lo que sea, parece que algo no quiere que me desprenda de ella, quizá sea yo mismo. ¡Qué más da! El caso es que aquí estoy, tecleando en un día de lluvia intensa, en el escritorio-biblioteca desde donde puedo contemplar el farallón rocoso en forma de media luna del Nacedero del Urederra. Son aproximadamente las once de la mañana y acabo de almorzar. Antes hemos ido paseando, la perrita y yo, desde Gollano hasta el puente de Baquedano que cruza el río. Ha comenzado a llover a jarros, por lo que hemos dado media vuelta hacia el coche. Aún continúa. Este otoño está siendo lluvioso; mejor esto que no un "veroño" seco. Cuando hace mal tiempo, entre comillas, y no se puede andar por ahí, me dedico a escribir, y sobre todo a hacer mejoras en la casa. La calefacción funciona a pedir de boca; es un puntazo. Eso sí, si la alimentas con bien de leña. Todo lo guiso en la misma cocina económica, salvo el café de la mañana que lo preparo en la vitrocerámica. Tampoco uso apenas el microondas. Tengo ganas de que haga frío de verdad, para darle caña al fuego y prepararme algún pollo asado o un buen trozo de cordero. Pero ya llegará, no hay prisa, cuando comience a helar estaré loco por irme al sur, así es la naturaleza humana: siempre deseando lo que no se tiene. De momento no siento ninguna necesidad de ir a Almería, ni siquiera ganas. El año pasado creo que ya estaba por allí en estas fechas, incluso a punto de regresar; pero claro, ahora tengo otras circunstancias diferentes. En fin, voy a ver si hago alguna chapucilla por el hogar.

Sábado, 2 de noviembre de 2024, estoy en Allo. Vine ayer, y pasé buen día, pero hoy, no. ¿Por qué? Primero porque la noche pasada, a eso de las cinco de la madrugada, me he despertado con frío, ya que había dejado un poco abierta la ventana. Pues bien, al pie de la misma he visto un objeto extraño, oscuro, siniestro, el cual, al observarlo con más atención, me he percatado de que era una mierda de la perra. ¡Mas no era una mierda cualquiera, no, era asquerosa! En apariencia parecía dura, consistente, pero, al ir a quitarla con la escoba y el recogedor, estaba tan blanda que se ha puesto todo perdido. Resultado, que me he tirado un buen rato para concluir la faena y, después, ya no ha regresado el sueño, y así hasta las siete, hora en la que acostumbro a levantarme. Al cabreo se ha sumado la frustración por no haber vendido la finca. El trato se fue al garete a principios de esta semana, después de tener ya fecha y hora en el notario para firmar las escrituras. He de destacar que ayer estaba contento de no haberla vendido, y hoy lo contrario; no hay quien me entienda. Pero es que ayer apenas había ruidos y hoy ha vuelto a ponerse la cosa insoportable. Al menos escribir esto sirve de desahogo y aporta ciertas dosis de humor, eso sí, un tanto cáustico. En fin, que aquí estoy intentando que los efluvios negativos no se apoderen de mí.

Por otro lado, mi carrera literaria está de lo más estancada. No he tenido noticias de mi editor respecto del último manuscrito que le entregué: *De sueño a pesadilla*. Ni siquiera sé algo de la maquetación, que es la fase previa, la más primaria. Va todo con mucho retraso y yo no quiero dar más el coñazo; ya le envié un SMS diciéndole que me comunicase algo en cuanto tuviera noticias. Escribir me hace mucho bien, de hecho, en cuanto he comenzado a hacerlo he sentido un gran alivio.

Hoy ha salido el sol, por la mañana, pero desde el mediodía se han echado las nubes y, en medio de la ducha, me he quedado sin electricidad. A duras penas he podido quitarme el jabón. Después sólo he podido cargar una de las baterías del ordenador portátil, eso sí, la más duradera, una que es más gorda. En fin, que no va la jornada como para echar las campanas al vuelo, aunque haya que tomarla con deportividad.

Con lo de la caca perruna y demás se me ha ido el apetito. He almorzado con no mucho deleite una lata de sardinas con tomate, a la orilla del río, durante el paseo de la mañana. Normalmente le doy a la perrita algo, pero hoy no me ha dado la gana. Al mediodía apenas he comido, salvo el trozo del bocata que había sobrado. Hacía tiempo que no comía tan mal, sobre todo en comparación con los ágapes que acostumbro. Cuando la historia quiere torcerse, lo hace, y además de repente. Anoche estaba de lo más animado, sereno y ecuánime, pero lo de la inmundicia me ha sacado abruptamente de mis casillas, por qué no reconocerlo, aunque en el fondo sea una minucia.

Por otro lado, he vivido ya tantas situaciones, sobre todo en solitario, en los últimos años, que ya no me sorprendo de nada o de casi nada. Lo gozo o sufro todo con bastante consciencia, pero ello no evita que bastantes veces pierda aún los papeles. ¡Ay, dónde está el autocontrol, me repito a mí mismo!

VIII

Desde la última vez que escribí han sucedido algunas cosas importantes, pero esas situaciones me han sacado un poco de la rutina habitual, de la calma del día a día. Como si fuera una actividad permanente e inevitable, los diferentes acontecimientos se van desarrollando en una especie de ininterrupción que parece que nunca tenga fin: "sin solución de continuidad" se suele nombrar a este fenómeno. Debo centrarme más allá de la dispersión que a menudo se apodera de mí. He de decir que la finca, después de no pocos esfuerzos, ya está vendida. Asunto finiquitado. Borrón y cuenta nueva.

El otro frente ha venido del dichoso tema de las intervenciones forestales y todo lo ligado al medioambiente de este maravilloso entorno de Artaza. Aquí han surgido algunos problemillas que requieren una exposición más extensa, pausada y reflexiva, por lo que pienso que es mejor que lo deje para otro momento.

En lo que concierne a la edición del último libro, *De Sueño a Pesadilla*, cabe decir que va hacia delante. Ya recibí la maqueta del texto y de la portada y, enseguida más o menos, envié las correcciones que vi que era necesario realizar. De momento esto es todo, porque son las doce del mediodía del 6 de diciembre de 2024, día festivo de la Constitución, y me marcho a dar una vuelta con mi perrita antes de comer, ya que de regreso, más o menos después de una hora, deberé ultimar el rancho si deseo alimentarme en condiciones.

Y bien que me alimento en condiciones desde que estoy en Artaza, incluso más que en Allo, que ya era decir. Aquí, en las *Amezcoas*, me supero a mí mismo, gracias a Dios. Hoy hace un día como para escribir. El tiempo ha comenzado a tomar un cariz invernal, aunque todavía no sea muy riguroso ni mucho menos. Espera, y ya verás. Acabo de almorzar una tortilla de jamón cocinada en la lumbre, regada con un vaso de Añares reserva, un vino rico con denominación de origen La Rioja, después de dar una vuelta por los alrededores con *Kuki*. *Dolce vita*. Como tengo casi todas las labores del hogar más o menos satisfechas, y el tiempo no acompaña para marchar al monte como las cabras, me he propuesto teclear al ordenador y echar un vistazo al libro *Historia, Ciencia Sagrada*.

Su autor me va pareciendo de lo más interesante. Ya lo conocía de antes, tan sólo de una ocasión. Aparte de los más de veinte libros que tiene publicados, colabora en prensa, algo que yo también hice durante unos cuantos años. El caso es que nos volvimos a encontrar en uno de los senderos que circundan el pueblo, en concreto en el camino que llaman "del Rector". Él vive aquí desde hace bastantes años. Yo le conté que hace tiempo salió a la luz un trabajo mío con el nombre *Historia, Ciencia y Evolución*, lo cual a ambos nos sorprendió mucho, gratamente, ya que, como se puede apreciar, la temática a priori es parecida. Él también estudió Historia y Geografía, como yo. Demasiadas similitudes para ser casuales.

Un buen día, al atardecer, vino a mi casa a traerme su libro, y otro más sobre unas "heroínas" vascas de la Guerra Civil. Después de charlar un poco sobre aspectos literarios —estuvo ojeando varias de mis publicaciones, entre las que le llamó la atención *Parte Vieja, 13 relatos macabros*—, se me ocurrió comentarle lo de Krezmendi, sin sospechar que esta confidencia iba a abrir la Caja de Pandora. Se alteró bastante cuando le informé que teníamos previsto un encuentro con el ingeniero forestal responsable de las demarcaciones de los árboles que se van a cortar. No se perturbó tanto por el hecho de la futura tala de las hayas y el deterioro del terreno, como por la circunstancia de que no hubiésemos dialogado previamente sobre ello con las autoridades del Concejo. Le pareció un despropósito y me instó de inmediato, de forma repetitiva, a que fuésemos a hablar con uno de los concejales, argumentando que era de los primeros ecologistas que habían venido al pueblo. Lo vi tan insistente, alterado y machacón, que yo también me turbé, aunque por fuera mantuviese la calma. Le dije que ni siquiera conocía al concejal y que de momento por tanto no tenía ningún interés en hablar con él sobre el tema. El caso es que sí que lo conocía, pero en aquel momento no caí en la cuenta de quién se trataba. Ahí quedó más o menos el sucedido, hasta que se marchó, no sin antes decirme que iba a intercambiar impresiones con el susodicho sobre tema tan escabroso, a lo que le pedí que, a ser posible, no me mencionara como fuente de información. Le costó entenderlo, que no quisiera yo de momento meterme en líos que sólo me acarreasen disgustos, pero finalmente accedió a ello.

Al día siguiente me llamó un par de veces y me dejó sendos mensajes en el buzón de voz del móvil. Yo me había quedado tan compungido, que no quise ni aceptar las llamadas ni devolvérselas. Ese mismo día siguiente se presentó de nuevo en mi casa, al atardecer, sobre la misma hora, pero en una actitud diferente al completo: calmada, respetuosa, dialogante, y me pidió disculpas. Yo las acepté, me hizo muy feliz el cambio de su discurso, y acabamos dándonos un abrazo. Le expuse acto seguido que había decidido, gracias al suceso del día anterior, apartarme del activismo medioambiental, salvo en lo que se refiere a mis escritos. Aun y todo me insistió en que debía implicarme en la defensa de los bosques, pues él también lo había hecho, tal y como me argumentó en reiteradas ocasiones. Ahí quedó todo en lo que respecta a esta persona.

No fue así, sin embargo, en cuanto a otro amigo que conozco desde hace muchos años. Cuando le dije que no pensaba ir a entrevistarme con el ingeniero junto a ellos, y le comuniqué la misma decisión que había adoptado tras aquella visita polémica, experimentó una reacción bastante hostil. Me dijo, en resumen, que ya no confiaba en mí y que deseaba mantener una distancia temporal respecto de mi persona, peligrando así con irse al garete una amistad de décadas.

Después hemos vuelto a estar juntos, pero sigue erre que erre y, aunque haya momentos de entendimiento, acaba siempre poniéndose agresivo por un motivo u otro, descargando lo que a mi entender son sus frustraciones, lo cual me incomoda y me disgusta. Entonces me vienen sentimientos contrapuestos: por un lado pena de que se tuerza de este modo una relación de tantos años; y del otro alivio, porque me resulta cargante y me acaba casi siempre contagiando su malestar.

Quería escribirlo, tanto lo uno como lo otro, y ambas situaciones me han convencido de que meterse en ese berenjenal, levantar este avispero, no acarrea más que sinsabores y enfrentamientos, mientras que los resultados positivos son mínimos o incluso nulos. Además yo he venido a vivir a Améscoa para estar en paz, rodeado de un entorno natural envidiable, sin apenas contaminación acústica o química, al contrario de lo que me sucedía antes, de lo cual estoy muy agradecido. Aunque aquí también existan algunos inconvenientes como la actividad forestal, el tránsito de motos de enduro y de quads o la presencia de los cazadores; no es ni comparable al anterior infierno, por lo que valoro mucho mi nueva situación y no deseo malograrla tan pronto con acciones no afortunadas o dando malos pasos. Tampoco quiero unirme a líneas de actuación que contemplen el desconocimiento de los hechos, la violencia verbal o la agresividad en los modos de actuación; sino todo lo contrario, ya que además hasta ahora mantengo relaciones muy agradables y armoniosas con no pocos habitantes del pueblo y de sus alrededores. No aspiro más que a sacar lo mejor del alma de las personas a través de la bondad, la paz y la concordia, y de paso, por supuesto, de la mía.

Contemplo la nieve sobre la sierra de Urbasa, en concreto en el Balcón de Pilatos. Lo hago una vez más desde la ventana de la biblioteca-escritorio, donde tecleo. Acabo de almorzar un huevo frito con un poco de longaniza picante y un buen trago de Rioja reserva. No me puedo quejar, puesto que, además, todo funciona bien: electricidad, calefacción, agua corriente..., lo cual me resulta hasta milagroso teniendo en cuenta lo que está lloviendo y el viento tan fuerte que se ha desatado esta noche. Entiendan que valore tanto las comodidades, después de cuatro años viviendo en una finca rústica de modo espartano. Ahora nos encontramos bajo el influjo de un temporal que proviene de altas latitudes, frío, húmedo y muy ventoso, como corresponde al mes en el que estamos. Tampoco el plástico que cubre la leña se ha volado, ya que me encargué de sujetarlo bien con ladrillos. Hace pocos días me trajeron dos mil quinientos kilos de leña que compré: roble mayormente, y algo de haya, que no los metí a la leñera cubierta, donde tengo más madera seca, porque está aún un tanto verde y húmeda. Ayer tuve que cambiar el coche de sitio; suelo aparcarlo debajo del nogal contiguo a la casa, pero con tal ventolera había y hay peligro de que le caiga alguna rama encima e incluso, si me apuras, alguna teja o parte del alero.

La nueva vivienda se está portando, a pesar de que necesite alguna reparación, sobre todo en la techumbre, que tengo previsto realizar la próxima primavera y verano. Aun y todo le di un repaso allá por el mes de septiembre, pero quedaron algunas tejas rajadas que no pude cambiar sin realizar obras, por motivo de que se encuentran en lugares peligrosos, a los que no pude acceder, o cazadas bajo el vértice de la cubierta. Gracias a que, al parecer, pusieron el maravilloso "Onduline bajo teja" y no he tenido goteras. ¡Toca madera! También debo cambiar una viga del alero y limpiar y reparar los canalones que desaguan la lluvia.

Ahora mismo se ha vuelto a cubrir el panorama, y no digo el cielo porque ya estaba encapotado. Ya no se ve apenas la sierra. La perrita está descansando al abrigo de la "bodega" de la planta baja. Su cama está encima de un sillón, junto a uno de los radiadores, por lo que no puede estar más a gusto. Antes, de par de mañana, hemos ido a dar una pequeña vuelta por el encinar donde se encuentran las "leñeras" de la gente del pueblo. Yo con mi traje impermeable, pantalón incluido. Ella, como es lógico, se ha puesto como una sopa, aunque andaba muy motivada detrás de los rastros, sobre todo de los gatos. Es terrible con los felinos. Casi a diario se engancha con alguno de ellos, y no lo puedo evitar, pues aquí hay gran abundancia de ellos. Cuando llueve tanto como hoy, cada vez que regresamos a casa la seco con una toalla vieja, en la leñera, antes de entrar a los aposentos. No le disgusta ni mucho menos, sobre todo si le doy friegas en el lomo o en la tripa, aunque al principio no se dejaba.

Así va transcurriendo nuestra vida en el valle de Améscoa Baja, cercana ya la fecha de la Navidad, cuando entonces habrán pasado seis meses desde que vine a vivir aquí. He practicado un poco el Conocimiento del Ser, para ponerme a tono. También he escuchado un par de videos cortos de Prem Rawat, el embajador de la paz reconocido por la ONU, quien, por cierto, hoy va a estar en Barcelona para ofrecer sus enseñanzas.

Estamos ya en vísperas de Nochebuena, como quien dice, y el entorno comienza a transformarse, lo cual no me agrada demasiado, a decir verdad. Espero pasar estas tres semanas que se avecinan de la mejor forma posible. Suelen ser unas fechas que no me son demasiado propicias, aunque al final, de un modo u otro, se pasan y ya está. La vida proveerá, pero ahora mismo estoy un poco agobiado ante esta perspectiva y encima hoy me he levantado un poco de aquella manera. Me iría a algún lado, aunque no sé adónde.

Está prácticamente ultimado el proceso de maquetación y las correcciones del libro *De Sueño a Pesadilla*, que será mi undécima publicación. Entretanto, me dedico a diferentes asuntos aquí en Artaza, entre ellos la redacción de este nuevo escrito, sobre todo cuando el tiempo no acompaña y es casi imposible marchar por ahí, a los montes. Aun y todo casi nunca falta algo que hacer respecto a las faenas cotidianas y los arreglos en la casa. Enseguida van a dar las doce del mediodía, hora aproximada en la que voy a ir a dar una vuelta con la perrita *Kuki* antes de comer.

El amigo de toda la vida, cambiando de tema, continúa de morros a cuenta de la decepción, que según él, se ha llevado conmigo por no querer tomar parte activa en sus "cruzadas" medioambientales y políticas. ¡Qué se le va a hacer! Pero yo también me siento aliviado de que no me dé la "chapa" casi a diario con el tema, por lo que no hay mal que por bien no venga. No obstante, se me hace un poco raro e incómodo encontrármelo por el pueblo y recibir de él un trato tan frío y lejano. En algunos momentos hasta me pone el asunto un poco melancólico. En fin, es lo que hay.

Poco más que decir a día de hoy, salvo que este nuevo relato va hacia delante sin darme cuenta, como suele ser habitual. Del mismo modo, mi vida en Las Améscoas se va desarrollando de forma paulatina.

IX

Todavía no son las ocho de la mañana y ya estoy tecleando frente al ordenador. De siempre me ha gustado hacerlo así; las primeras horas me resultan muy propicias, ya que tengo la cabeza bien despejada. Hoy no llueve ni hay niebla como los días pasados —hace casi una semana que no veo el sol—, pero el ambiente no invita para nada a ir al monte al alba como suelo acostumbrar. El invierno ya ha hecho acto de presencia y allá arriba hace frío y hay mucha humedad. El momento del almuerzo en alguna cima no resulta tan agradable, no hay un lugar seco donde sentarse y el cuerpo se acaba destemplando.

Ni siquiera ha amanecido aún, aunque lo hará pronto, de forma paulatina. Hoy se ha cumplido aquello de: "No por mucho madrugar amanece más temprano." Casi todas las mañanas, cuando me levanto, al igual que por las noches antes de dormir, suelo escuchar al cárabo, quien, para el que no lo sepa, es una especie de búho que vive en el bosque caducifolio. Es una de mis señas de identidad, por expresarlo de algún modo; siempre, desde niño, me ha gustado oír su ulular grave, monótono y profundo. Mi hermano el mayor lo imitaba e imita muy bien, soplando en un hueco de sus manos, después de entrelazarlas. Yo nunca he conseguido aprender a hacerlo. Incluso le respondían cuando íbamos hace mucho tiempo por las noches al paseo de Los Llanos. Allí todos los años criaban en el hueco de un tronco.

Alimenté a un polluelo muy pequeño y conseguí sacarlo adelante, con la ayuda de mis amigos espeleólogos. Los compañeros de clase que vivían en los pueblos me traían los lunes ratones que cazaban el fin de semana con cepos. Solía tener para varios días, administrándolos. *Helber*, que así se llamaba, se los tragaba enteros. Después aprendió a cazarlos en la bajera de la casa donde teníamos la sede del grupo de espeleología. Agustín, que estudiaba en la Escuela Profesional, puso un pequeño artilugio fotoeléctrico, para que, cuando entrásemos desde la calle, como no se veía nada, se encendiese la luz automáticamente. Pues bien, cuando íbamos nos sorprendía que se hubiese encendido sola. Hasta que descubrimos que era *Helber*; pasaba volando delante de ella y la activaba.

Tenía otras curiosidades nuestra mascota, como los movimientos tan desconcertantes y graciosos que realizaba, los giros de cabeza y las regurgitaciones de egagrópilas. Como los búhos se tragan todo entero, de una sola pieza, cuando lo hacen parece que se vayan a asfixiar. Había que haberlo visto desde ya muy pequeño de qué modo se esforzaba por ingerir los ratones. A veces le llevaba su buen rato y parecía que no lo fuese a conseguir, hasta que solo asomaba por la abertura de su pico la punta del rabo. Después, al día siguiente, normalmente por las mañanas, vomitaba una bola ovalada donde iban compactados todos los pelos y los huesecillos. Eso es una egagrópila y esa es una de las peculiaridades de las rapaces nocturnas.

Otra de sus gracias consistía en abalanzarse sobre el tocadiscos. Teníamos uno un poco antiguo y, cuando lo enchufábamos, el movimiento del giro del disco le parecía una presa y se abalanzaba sobre él con violencia. Aunque casi descuajeringó el brazo y la aguja más de una vez, a nosotros nos hacía muchísima gracia.

Creció, después de aprender a cazar ratones con soltura, y hasta alguna que otra rata. Cuando volaba sobre nuestras cabezas parecía que hubiese pasado un espíritu, de lo silencioso que era. Lo notabas por el viento fresco que corría. A una parte de la bajera la llamábamos "el Amazonas", porque estaba llena de todo tipo de cacharros y algún que otro montón de escombros. La teníamos separada del resto con "cañizos". Para quien no lo sepa, eran unas urdimbres que se hacían con cañas, de modo que se formaban una especie de paneles ligeros y grandes que se utilizaban mucho entonces, sobre todo en las obras. Como no llegaban hasta el techo, el cárabo se metía por la parte de arriba, como Pedro por su casa. Aquella zona estaba llena de ratones, por lo que era su lugar favorito, tanto para ocultarse como para utilizarlo de cazadero. Cuando no lo veíamos, es que estaba allí.

Con que al final también le dejábamos la ventana de la calle abierta. Como ya sabía valérselas por sí mismo, era libre si deseaba marcharse. Y así que lo hizo. A los pocos días comenzamos a escucharlo por las inmediaciones, hacia los montes de la Cruz de los Castillos. Por lo que no sentimos pena sino alegría de que hubiese regresado a su mundo. Mi hermano todavía tiene alguna foto suya. Después yo lo escuchaba ulular desde la cama de mi casa. Estoy convencido de que era *Helber*. Yo vivía junto al río y él enfrente, en el monte de la Cruz de los Castillos.

Los cárabos comienzan a mostrarse más activos en cuanto a sus mensajes y reclamos al final del otoño y comienzo del invierno, ya que para Semana Santa suelen tener las crías muy crecidas en el nido o incluso en las ramas de los árboles colindantes. O sea, que al contrario de otras aves, suelen adelantar la procreación y, por tanto, las llamadas al amor y los cortejos, que se caracterizan por el obsequio del macho a la hembra de diferentes trofeos como pequeños roedores, batracios, insectos, etc. En suma, que son muy madrugadores, como yo por las mañanas, pero ellos en lo que concierne a la crianza.

El nombre científico del cárabo común es *Strix aluco*, mide algo menos de cuarenta centímetros y es el estrígido más abundante de Europa, por encima del búho real y del mochuelo, e incluso de la lechuza. Todos ellos son de costumbres nocturnas, aunque a veces se mantengan también activos parte del día. El cárabo se distingue del búho real y el búho chico, aparte de por su menor tamaño, por la ausencia de orejas, que en realidad no lo son tales, sino más bien cejas que sobresalen a ambos lados de los ojos hacia lo alto de la cabeza (moños auriculares). Logran cazar a sus presas al acecho, sobre todo roedores, insectos, algunos pajarillos y otros batracios, gracias a sus extraordinarios pabellones auditivos y a su vuelo extremadamente silencioso, debido este último a la configuración de su plumaje. Se podría decir que son como espíritus de la noche. Otra de sus peculiaridades es que son capaces de girar la cabeza ciento ochenta grados, o más, mientras que los ojos permanecen fijos en sus órbitas, lo que les permite localizar a sus víctimas con mayor precisión. ¡Ay, qué recuerdos de *Helber*!

Tengo el fuego de la cocinilla-calefactora encendido, como siempre en estos meses; sin el hogar en marcha de forma continua se haría aquí la estancia bastante penosa. Sucede lo contrario cuando no es así. Ahora voy a meter al horno un par de patas de pollo de corral, para que se vayan haciendo poco a poco, y después, cuando amanezca, ya veré. La perrita descansa de forma apacible en la butaca que le hace las veces de cama, aunque ya ha andado un rato por la era circundante para hacer sus necesidades. Le abro la puerta de casa y ella sale sola, aunque a veces se enzarza con los gatos de los alrededores, ya que con ellos muestra muchísima agresividad; tiene fijaciones. Ya ha protagonizado varias trifulcas gatunas, algunas bastante sonadas, hasta tal punto que le han herido varias veces. Ha sido de forma leve, por fortuna, a pesar de que sí que le han producido algún pequeño corte con sangre.

Ya ha amanecido y la verdad que el entorno no invita nada a echarse al monte, menos aún porque tengo un poco de frío metido en el cuerpo, no demasiado. Conque poco a poco, ya veremos lo qué va dando de sí el día.

Así que me lo voy a tomar con mucha calma y primero un buen almuerzo, y después una vuelta por ahí, aunque sea más corta.

Hoy es 6 de enero, último día festivo de la Navidad, y también está lloviendo, por lo que una vez más aprovecho para repasar y poner al día este escrito. He estado con mi vecina Nati, mientras compraba el pan, quien me ha dicho que estaba muy cansada de cocinar tanto para su familia.

Al margen de anécdotas cotidianas y sociales, me vienen a la cabeza las últimas anotaciones que he realizado sobre la flora del entorno. He estudiado con más o menos minuciosidad algunos árboles de la familia *Fagaceae*: haya (*Fagus sylvatica*), roble, quejigo, y encina (*Quercus ilex*). También he visto espinos, castaños, sauces, avellanos (*Corylus avellana*), arces, tejos (*Taxus baccata*), y también algún níspero, manzano y ciruelos silvestres.

En cuanto a los arbustos, me ha llamado la atención el rusco, que se puede confundir con el acebo (*Ilex aquifolium*) por sus bolitas rojas, aunque su tamaño sea muy pequeño en comparación con éste, que además es especie protegida por la importancia de sus frutos para algunas especies de aves. Ya se sabe que el acebo era y es uno de los adornos navideños. También hay gran abundancia de boj, zarzamora, y escaramujo (rosal silvestre), cuyos frutos son muy ricos en vitamina C y solían ser empleados en la elaboración de compotas y mermeladas. Sin olvidar los endrinos, que se aprovechan para la obtención del licor conocido como pacharán. Son asimismo muy características del ecosistema las ollagas o aulagas, el enebro común, o ginebro (*Juniperus communis*), la planta trepadora clemátide, que alcanza muchos metros de altura mediante sus tallos que son como lianas; o el brezo, en la variedad conocida como biércol (*Erica bagaus*). No puedo tampoco dejar de nombrar el saúco y el aligustre, que cuando florecen son muy aromáticos, sobre todo el último.

Entre los demás frutos silvestres que observo y plantas aromáticas y medicinales, están la fresa silvestre, el orégano, el té de roca, la cola de caballo, la ortiga y algunas variedades de helechos y de musgos.

No se trata de realizar un compendio de las especies vegetales, ni animales, y menos de todos sus nombres científicos; sino de reseñar las que más llaman o han llamado mi atención en el día a día.

Otra vez escribo muy temprano; son las siete de la madrugada y al parecer la jornada se presenta gris y un poco lluviosa, a pesar de que los dos días anteriores han sido un poco más suaves y cálidos de lo normal para estar en el mes de enero. Una de las primeras tareas que realizo es vaciar el cenicero de la estufa de leña, la cual lleva ya encendida sin apenas interrupción desde hace más de dos meses. Alguno me tachará de loco, pero creo que es mejor mantenerla constante de forma suave que andar encendiéndola todos los días. Se consume bastante leña, pero la contrapartida es el ambiente tan agradable del que disfruto, evitándome así tener que encenderla de continuo. Aun y todo da bastante trabajo, aunque ya se sabe, si deseo estar en condiciones, debo hacerlo. Ahora voy a hacer una pausa para afeitarme y hacer la cama.

En cuanto a la casa que habito, en conjunto está bastante bien, pero su eficiencia energética es un poco deficiente, a pesar de que tiene buenas ventanas y muros gruesos. El fallo viene de la ausencia de aislamiento térmico, que se nota sobre todo en el techo que comunica la primera planta con la buhardilla, por donde se escapa el calor, el mismo que en verano se transmite al primer piso. Aun y todo no me puedo quejar, ya que hasta ahora, en los casi siete meses que llevo aquí viviendo, me ha brindado más satisfacciones que problemas.

El silencio que reina aquí de forma habitual es prodigioso de par de mañana, más teniendo en cuenta que hoy es sábado y no hay ningún tipo de actividad. Además la gente no es demasiado madrugadora, quitando excepciones. También entre semana suele ser así y es una de las ventajas que más valoro, sobre todo después de la experiencia vivida. Ahora voy a abrir las contraventanas de la primera planta, ya que pronto comenzará a clarear.

Mi vecina parece que es como yo bastante madrugadora; suele tener la luz encendida cuando me levanto. Solemos charlar un rato de vez en cuando. Los demás vecinos son asimismo de costumbres calmadas y de trato agradable. Hasta tal punto es así, que casi ni me lo creo, ya que el último periodo que habité en la ciudad fue bastante perturbador en estos aspectos relacionados con la convivencia. En ese sentido, y en lo que concierne a los ruidos, he ganado muchísimo viniendo a vivir a este pueblo que ya comienza a formar parte de mí, que ya se está fundiendo con mi cuerpo y alma.

Por ejemplo, en un lateral de mi vivienda habita Carlos, el hermano de Alfredo, un viejo conocido que ya falleció. Lo mismo: tenemos un trato de lo más cordial. Ayer, sin ir más lejos, durante uno de los paseos que acostumbro a realizar, me encontré con Javier, otro de sus hermanos. Resulta que en nuestra conversación salió a relucir el tiempo que yo estuve viviendo en el pueblo de Lizaso, del valle de la Ulzama, en concreto en la comunidad espiritual tántrica La Senda del Arco Iris. Él estuvo una vez allí de visita por causa que quizá algún día cuente, hoy no me apetece. A pesar del tiempo transcurrido, más de cuatro décadas, él conserva aún vivo el recuerdo de aquella anécdota. Volví a encontrarlo en el monte hace unos diez años, cuando yo solía pasar algunos días con sus noches en la choza de caza del término de Lidau, situado junto a los Pasos de Uia. Por ambos encuentros, Javier se acordaba de mí a la perfección.

Bueno, luego están Rubén, quien se gana la vida con tareas relacionadas con el mantenimiento. Es un hombre de lo más agradable, siempre dispuesto a ayudar. He logrado ya con él cierta confianza. Y me surto de verduras gracias a otros vecinos: Josete y Sole, a quienes ya he mencionado. Para Reyes les obsequié con un ejemplar de *El faro de Kyle of Lochals*, mi primera novela. Ambos son afectuosos y se nota el aprecio mutuo que nos tenemos.

Y debo de nuevo mencionar a Nati, y a Ana, dos hermanas, la primera viuda y la otra soltera, con las que ya me trato con bastante naturalidad. No viven de continuo en Artaza, sino en Pamplona, pero vienen a menudo y el verano lo pasan aquí completo. Me resulta un placer charlar con ellas, Nati cocina de maravilla y me suele obsequiar con algún presente de calidad, lo mismo que yo a ella. Ana es lectora y pertenece a un grupo que fomenta la lectura. También le regalé un ejemplar de la misma novela y además ha leído otras dos de mis obras.

Después está Rober, a quien ya conocía de antes y con el que me unen algunos vínculos de amistad por parte de uno de mis sobrinos. Y Cristian y su mujer, quienes, aunque menos cercanos, tanto en proximidad física como en el trato, mantengo con ellos una relación buena.

Y así, a lo tonto, o a lo listo, como me gusta a mí decir, ya han transcurrido casi dos horas desde que me he levantado, y comienza a amanecer. La perrita descansa apaciblemente, como casi siempre. Se me ha olvidado mencionar que Josete y Sole tienen una perra muy simpática que se llama *Cuca*, igual que como llamamos a mi hermana María Cruz. Pero el caso no es éste, no va por ahí la cosa, sino que la coincidencia reside en que mi perrita se llama *Kuki*, lo cual nos sorprendió a ambas partes cuando nos conocimos.

En fin, que paradojas del destino o de la vida, con quien más amistad tenía, digamos de toda la vida, ahora es con quien menos me relaciono, a cuenta como ya mencioné de los desacuerdos respecto del tema medioambiental. Más que facilidades a mi llegada al pueblo, me ha puesto obstáculos. Y de este modo, o de forma similar, iré poco a poco mencionando al resto de personas que he conocido desde mi llegada a Artaza, al menos las que más importancia tienen respecto del trato que mantengo con ellas.

Y ahora, una pausa, para dar un paseo con mi perrita y que se desfogue un poco y haga sus necesidades.

X

Antes, cuando estaba practicando el Conocimiento del Ser (¿qué será eso?, se preguntaran quizá ustedes), me he tomado un respiro para mirar por la ventana y ver si llovía.

Es entonces cuando veo que hay algo cazado debajo de una de las escobillas del limpiaparabrisas del coche, envuelto en plástico. Bajo a ver de qué se trata y veo la siguiente nota, que voy a reproducir literalmente a continuación:

«ESPECULACIÓN DE TERRENOS COMUNALES EN ARTAZA

»Ante la situación prolongada y molesta creada por el propietario del camping de Artaza y en colaboración con la anterior corporación municipal que le permitió urbanizar terrenos comunales de este concejo, donde construyó bungalows sin tener los terrenos desafectados y la negativa de presentar documentación sobre la legalidad de las obras realizadas y su oscurantismo y pasividad de esclarecer los hechos además de la codicia y corrupción de algunos sin límites, nos proponemos informar sobre las intenciones encubiertas de este señor, para esclarecer algo que intenta ocultar pero que él mismo publicó en las redes en 2016 sobre su intencionado y lucrativo negocio con terrenos comunales rústicos, para su beneficio personal, y con una repercusión económica al concejo irrisoria y vergonzosa de 500 euros al año.

»Pedimos colaboración para que este asunto quede paralizado y resuelto, con la intención de que vuelvan esos terrenos a ser de uso rústico público y no perder patrimonio comunal natural, hoy en día tan manipulado y escaso.»

Adjunto a este documento van añadidas dos páginas más, que tratan sobre las características de «las nuevas casas de madera a construir en el Camping de Artaza-Urederra (Navarra)», sus precios, así como la cuota mensual que sería necesario abonar en concepto de «agua, la luz, las basuras y la contribución urbana...»

Como es un asunto tan delicado como el de las talas, y aunque ambas referencias estén fechadas en 2016, voy a realizar algún comentario al respecto.

En primer lugar, a pesar de que crea saber quién o quiénes me han dejado esta nota informativa en el coche, no consta ningún nombre o firma en cuanto a que «nos proponemos...», o «Pedimos colaboración...» Creo que este primer anuncio-denuncia debería estar firmado, aunque quizá lo esté, ya que al parecer está publicado en internet, amén de ser antiguo ya, y la persona que me lo ha dejado puede que haya pensado que yo lo sé, me refiero a su autoría. Esta es la interpretación del suceso, digamos, más inocente. Aun y todo me cabe la duda, tanto en cuanto al artífice como a su intencionalidad, y debo decir que no me gusta recibir escritos anónimos, sean del tipo que sean. Prefiero las cosas de frente, claras. Eso por una parte.

Las páginas siguientes fueron hechas públicas en alguna red social en el año 2016, y el habérmelas dejado en el vehículo refleja el ánimo de poner en evidencia a su artífice. Por tanto, esas sí que están encabezadas por la fotografía, el nombre y los apellidos del autor, que no viene al caso reproducir. Sin embargo, no está clara como digo la identidad del depositario. Sí me parece, no obstante, que debería ser así, que cualquier mensaje que se escriba y publique debe estar identificado. Al menos el otro dio o da la cara.

En cuanto a ambas partes en conjunto, o sea, la primera página que trata estos hechos de «ESPECULACIÓN...», y las siguientes que informan de las casas de madera, me parecen hechos preocupantes, si no muy preocupantes. Pero desconozco la legalidad o ilegalidad de estas actuaciones. En primer lugar por el poco tiempo que llevo habitando aquí, y en segundo porque no estoy al tanto de los aspectos jurídicos de la Administración municipal o la forma en que se están realizando las concesiones de terrenos comunales a personas concretas o empresas privadas. Por tanto, no puedo pronunciarme al respecto, aunque me ha parecido oportuno informar sobre ello.

Las únicas opiniones que había recogido con anterioridad en el pueblo están relacionadas tanto con el tema del primer escrito como del que informa sobre la forma de adquisición de las casas de madera. De ambos asuntos me habían hablado con anterioridad. Debo decir que en principio entiendo a ambas partes. Primero a los que denuncian en el escrito las supuestas ilegalidades de las cesiones, Por otro lado, también a quien escribió sobre las posibles ventajas de poseer una de estas viviendas "en mayor comunión con la Madre Naturaleza y con cercanía a personas con inquietud de otro mundo posible, un mundo en el que primen los valores de cooperar y compartir". Sin embargo, reitero, mi desconocimiento de la veracidad de estos hechos es absoluto, por lo que no puedo estar ni en contra ni a favor, limitándome de momento a reseñarlo aquí, en este libro, para que ambas actuaciones sean de conocimiento público.

Para concluir este asunto, quiero manifestar que se haga lo que se haga, tanto en esta dirección como en cualquier otra que afecte a los vecinos del pueblo, debe y deberá hacerse con la debida transparencia y siempre respetándose las leyes vigentes, sin trampas ni engaños de ningún tipo.

Cambio de tercio, para alejarme de este sucedido un tanto molesto pero sin mayor importancia. Vuelve a hacer un día, digamos, de perros, lo cual es del todo normal en el mes de enero y más bajo el régimen del clima de montaña. La parte buena es que aprovecho para escribir de nuevo al punto de la mañana, cuando aún no ha amanecido. Me recuerdo a algunos curas de antes que ejercían de historiadores aficionados, alguno de ellos comenzaba con sus escritos para las cuatro de la madrugada; yo no llego a tanto, Dios me libre.

Ayer me sucedió otro contratiempo un tanto desagradable, pero, por fortuna ya se ha solventado. En el fondo es una tontería, como el anterior. Todo depende de la importancia que se les dé y, lo principal es siempre relativizar la importancia de los acontecimientos que depara la vida. El caso es que iba paseando por el camino que llaman "del Rector", que desde la carretera que une Artaza con Gollano va a la campa de Zufieta. Antiguamente en Gollano debió de existir alguna congregación religiosa, de ahí viene el nombre. Como andaba un viento más o menos intenso y revuelto, de repente me entró una zaborra en el ojo izquierdo que me trajo por la calle de la amargura hasta bien entrada la noche. El pequeño objeto intruso se fue enseguida, pero me quedó una pequeña herida que me escocía bastante, impidiendo que me pudiese relajar. El tic era constante, imparable, y el enrojecimiento iba en aumento, así como la imposibilidad de ver por el ojo afectado y de abrir el párpado con normalidad. Por lo que me lavé enseguida con agua limpia varias veces, algo que me calmó bastante, aunque volvía casi de inmediato el malestar, la secreción lacrimal y la incapacidad de poder desenvolverme con normalidad. Aun y todo seguí faenando como de costumbre. Con no poco esfuerzo, realicé las tareas que suelo hacer por la tarde, incluida la "fabricación" (así lo nombraba un pastor que conocí en una borda del valle de Bujaruelo) de la cena. Después, como la molestia no remitía, me apliqué hielo en la zona, durante bastante rato. Y al fin, me quedé dormido durante un pequeño intervalo de tiempo, y cuando desperté me sentía mucho mejor.

Hoy estoy recuperado del todo, lo que me parece casi un prodigio digno de alabanza. ¡Qué asombrosa capacidad de recuperación tiene la Naturaleza, y por extensión nuestro cuerpo físico, el cual, queramos o no, forma parte de ella, están estrechamente ligados, hasta tal punto que son lo mismo. Doy gracias a la vida por ello y valoro todavía más mi existencia. He de puntualizar que vivo solo, bueno con mi perrita, y por tanto cualquier contratiempo ligado con la salud me produce mayor repercusión, ya que he de apañármelas siempre por mí mismo. Nadie me cuida, salvo yo. De momento voy saliendo de todas las contrariedades con mayor o menor suerte, en general mayor que menor. El quid de la cuestión es: ¿hasta cuándo?, pero mejor no pensar en el futuro que me aguarda y por el contrario vivir el presente. Suele ser una de las preocupaciones que rondan por mi cabeza: el destino que me espera en esta última fase de la existencia. También ocupa mi atención el hecho ineludible de la muerte, el viaje final que nos aguarda a todos los seres vivos sin excepción. Por ello, procuro estar preparado ante lo inevitable, a pesar de que no exista ningún manual para ello. ¡Vaya!, tampoco me quiero poner escatológico. ¡Estoy vivo!, valoro este estado milagroso, aunque procuro fluir cada día como si fuera el último, y el primero.

Escribo todo esto porque para mí siempre ha sido lo más importante encontrar el sentido de la vida y, claro está, va estrechamente ligado a la muerte. Por muchas teorías, filosofías y religiones que hay sobre el más allá, no dejan de ser eso, creencias, que no evidencias: nadie conocemos en realidad qué es lo que sucede después de inhalar el último aliento. Yo sí que creo, por otro lado, que existe algo en el otro umbral, ya que en ocasiones, sobre todo en mi juventud, he experimentado con la meditación transcendental estados de inmortalidad, espiritual, no física, se entiende. Pero de un tiempo a esta parte, quizá ante la cercanía relativa o no de la muerte, me siento a veces un poco más pesimista al respecto.

Me sorprende a mí mismo que esté escribiendo esto de par de mañana, al pairo del amanecer. Y no es tanto el hecho de pensarlo, o sentirlo, como prefieran; sino la circunstancia poco habitual de estar plasmándolo, pero es que forma parte del peregrinar por este planeta maravilloso.

Esta noche también se han sucedido otras emociones, entre sueños y desvelos, en conjunto parecidas a una especie de repaso de mi propia vida, de mis experiencias pasadas. Conque, ¡sea lo que Dios quiera!, por más vueltas que se le dé al tema es del todo imposible llegar a ninguna certeza a través del pensamiento. La única posibilidad para mí reside en abrazar el Conocimiento del Ser. Es sólo ahí donde puedo encontrar alguna revelación que me saque de la angustia vital que a veces me atenaza. Aun y todo, por último, debo reseñar que situaciones parecidas las he experimentado desde niño, sin saber nunca realmente el porqué.

Sin darme cuenta ya casi se ha marchado enero. Bueno, aún faltan nueve días para que esto suceda, para que comience febrero, que es un mes al que tengo bastante respeto, sobre todo por las inclemencias de la climatología invernal. Voy dilatando el viaje a Andalucía que suelo realizar por estas fechas. La principal causa, entre otras, se debe al hecho de que no tengo ninguna prisa, añadido a la circunstancia de que Rosa, mi casera de la Isleta del Moro, me dijo en conversación telefónica que en el apartamento que me alquila no había mucha leña para encender la chimenea. En la casa hace frío en invierno, y en Artaza, aunque haga aún más, cuento con buena cantidad de ella. Por otro lado, este año la Semana Santa cae a mediados de abril y mi intención es permanecer en Almería hasta esas fechas. Aun y todo, creo que la semana próxima, o a mucho tardar la siguiente, emprenderé el viaje. ¡Qué pereza me da conducir! En esta ocasión será en coche y no en autocaravana. Es más cómodo pero a la hora de dormir la echaré en falta. Tendré que pasar la noche en el vehículo con el saco de dormir, entre olivos o viñas con un poco de suerte. No será la primera vez, ni la última, espero. Son muchos kilómetros, unos mil cien o más, y no me apetece hacerlos del tirón, y menos aún parte de ellos sin luz natural. Antes podía conducir en las horas nocturnas sin mayor problema, pero de un tiempo a esta parte me supone un gran esfuerzo, casi el doble que hacerlo durante el día. Hoy, sin falta, voy a telefonear de nuevo a Rosa para ponerle al tanto de la nueva situación.

Por otro lado, como ya no dispongo ni de la autocaravana ni de la finca de Allo, porque ambas las vendí por motivo de la última mudanza, he decidido adquirir un todoterreno un tanto antiguo pero en aparente buen estado de conservación. Se trata de un Mitsubishi Montero, de los grandes, el cual, cuando le quite los asientos de la parte trasera, me va a permitir tanto dormir en el monte con comodidad como traer leña para la casa de Artaza. Posee mucho espacio en la parte trasera. Lo he comprado por no mucho dinero y, aunque tiene veinticinco años y bastantes kilómetros a sus espaldas, su motor está revisado y tanto el exterior como el interior tienen buen aspecto. Es una máquina potente con motor turbo-diesel de ciento sesenta caballos, toda una bestia, el cual tampoco consume mucho ni contamina más de la cuenta. Yo recorro pocos kilómetros y voy a hacer de él un uso responsable. Siempre he evitado profanar el bosque circulando con vehículos, en la medida de lo posible, sólo lo estrictamente necesario. Tiene unas prestaciones estupendas tanto por carretera como por las pistas embarradas de los montes, o incluso con nevadas cuando lleguen. Por todo ello estoy contento e ilusionado, ya que me puede abrir un abanico de nuevas posibilidades, sobre todo de cara al buen tiempo. Podré pasar más de una noche y de dos en la sierra, o desplazarme de vez en cuando al Pirineo u otros sistemas montañosos. Espero que no me dé más problemas de los habituales. Ayer lo conduje un rato y me pareció un vehículo de lo más atractivo y eficiente.

Su mayor peculiaridad es la caja de cambios automática, aunque cuenta con una opción manual. Por lo que no tiene pedal de embrague, sólo del acelerador y el del freno. Es muy cómodo de conducir, pero cuesta un poco cogerle el tranquillo. Luego está todo eso de las marchas reductoras, que son casi imprescindibles a la hora de salir de cualquier atolladero. En fin, creo que he hecho buena compra y le voy a sacar buen partido, ya que, en cuanto a lo de pernoctar y lo de la leña, cuenta con un habitáculo extraordinario. Además, lleva incorporado en la parte trasera un gancho que permite arrastrar un carro de buenas dimensiones, así como la conexión eléctrica obligatoria. Va a suponer un nuevo paso en mi vida en las *Amézcoas*, junto con la acreditación, como todos los vecinos del valle, para circular por el Monte de las

Limitaciones. También por la sierra de Lokiz, terrenos ambos que conozco muy bien. De ese modo, se reducirá mi dependencia a comprar el combustible para la cocina económica calefactora, pudiendo más o menos autoabastecerme.

Todavía no han dado las ocho de la mañana y ya estoy tecleando en el ordenador. Aún no ha amanecido. Vuelve a hacer mal tiempo. El ambiente está gris y húmedo; es el clima característico de un valle de montaña en invierno. Esta noche ha llovido. Son circunstancias desfavorables que no me suponen un mayor contratiempo, sino que las acepto como tal. Estoy habituado, aunque tenga ya ganas de ver el sol y la luz de Andalucía. La calefacción funciona a pedir de boca, pero estoy un poco o bastante harto de echar leña al hogar, ya que prefiero mantener el fuego siempre constante, a ser posible. Así evito en la medida de lo posible tener que andar encendiendo la cocinilla, actividad que no me agrada demasiado por la incomodidad que conlleva. Otra ventaja es que la temperatura ambiental se mantiene constante, sin altibajos.

No sé si he mencionado con anterioridad que el sistema es diferente al de los fogones convencionales, creo que no. El humo debe realizar un recorrido contrario, con el fin de que se caliente el horno de asar, y sobre todo la "paila", que es como llaman al depósito de agua incorporado que sustenta el circuito de los radiadores. Este hecho se solventa una vez que la chimenea adquiere temperatura, entonces se produce el efecto succión y tira que da gusto. Mientras tanto, existe el riesgo de que evacue hacia la vivienda, algo que ya me pasó varias veces al principio de mi estancia aquí. Una vez que se calienta el conjunto, el termostato se encarga de activar la pequeña bomba eléctrica que mueve todo el mecanismo.

Hoy me voy a tomar el día con mucha calma. Como no tengo que hacer nada especial, más tarde voy a ir al taller para comprobar algunos componentes del todoterreno: los asientos calefactables, el lector de CD, los elevalunas eléctricos, etcétera. Así voy adelantando y luego no me encuentro sorpresas. También hay que cambiarle los neumáticos de las ruedas delanteras, el aceite del motor, y pasar la ITV, de estos trabajos se encarga Eladio, que es el mecánico del valle de Améscoa Baja. Ya lo conocía de tiempo atrás, entre otras cosas por haber realizado con él alguna que otra transacción. Hasta la fecha siempre nos hemos entendido.

Enseguida iré a dar un paseo corto con la perrita, con el fin de que se desfogue un poco y haga sus "cositas". Aun y todo ya ha salido a la era contigua a la casa y después le he dado los restos de una pata de pollo de caserío que asé ayer en el horno.

Y así es mi vida en las *Amezcoas*, rica, interesante, divertida, al menos para mí, a pesar de que en apariencia parezca rutinaria. La semana pasada, sobre todo el "finde", fuimos varios días al monte, pero coincidió con las heladas y en lo alto de la sierra hacía bastante frío. Los charcos estaban congelados, con un espesor que no se podía atravesar ni con la vara de avellano que suelo llevar como apoyo. Las campas de hierba aparecían blancas, casi como si hubiese nevado. En estas circunstancias, el poco tiempo que dedico al almuerzo, en alguna cima como Krezmendi, Arripuya o Larraiza, es el suficiente como para quedarme helado (pajarito, le decían antes), porque arriba casi siempre suele correr el viento. Después, en el descenso, al no dar el sol en el hayedo y no realizar el mismo esfuerzo físico que a la subida, no consigo entrar en calor.

Estos últimos días ha templado, ya no hiela y la temperatura es más llevadera, por lo que la casa, sobre todo la planta de arriba, se calienta con más facilidad. Aun y todo debo andar pendiente a todas las horas de mantener el fuego en condiciones. En la Isleta del Moro, a pesar de que también enciendo la chimenea, lo hago desde al atardecer, y una hora o dos antes de ir a dormir me olvido de ella hasta el final del día siguiente. No es lo mismo que estar todo el día dale que te pego.

Las borrascas atlánticas están atravesando la península Ibérica, aunque la peor parte se la están llevando las islas Británicas e Irlanda, ya que por ahí se sitúa el centro de la depresión. Al estar las isobaras muy juntas, se están produciendo vientos huracanados, que aquí, de momento, no causan mayor impacto negativo. Aun y todo el día está poco apetecible para echarse al monte; seguro que en las cimas la estancia debe de ser poco agradable.

El "nuevo" vehículo ya está adquirido, ya es mío, y Eladio le ha puesto los dos neumáticos nuevos en las ruedas delanteras; los de las traseras están aún en estado aceptable. También le ha cambiado el aceite del motor y algunos de los filtros. Nada más que resta hacerle el seguro, que lo formalizaré el lunes de la semana próxima, y pasar la ITV, que corre a cargo del mecánico, cuando me vaya a Almería. Después me va a custodiar el Montero hasta mi regreso, en la campa delantera al taller, en cuyo edificio se ubica también su vivienda. De este modo me voy a quedar del todo tranquilo sabiendo que está bien cuidado durante mi ausencia, que no sé cuánto tiempo durará.

Uno de mis objetivos más o menos inmediatos, para la primavera, el verano y el otoño, aparte de las mejoras en la casa, es el conocimiento más exhaustivo de las sierras de Urbasa-Andía y Lokiz. A pesar de que ya las conozco casi en su totalidad, por las andanzas de toda una vida, aún deseo profundizar más en ellas. Así las cosas, me planteo volver a recorrerlas, con la ayuda del todoterreno, pero sólo para acercarme a las zonas más remotas. No es que quiera recorrerlas en el vehículo, insisto, sino que lo utilizaré para aproximarme a ellas.

Por otro lado, cuento con la ayuda de los mapas que llevo utilizando desde años atrás. Me han sido y son de enorme utilidad, tanto para andar por las sierras como para no perderme. Más de una vez me han sacado de algún aprieto. Además me permiten conocer la toponimia. Hoy en día la gente se sirve del GPS del móvil. A mí de momento no me ha hecho falta. Lo que sí quiero es comprar cartografía nueva y ponerla fija en alguna de las habitaciones de la primera planta, con el fin de que, al regreso de las exploraciones, pueda examinarla con detenimiento y comodidad. Los mapas que ya tengo tienen muchas horas de vuelo, hasta tal punto que, de tanto doblar y desplegar, he tenido que recomponerlos más de una vez con cinta adhesiva transparente. Claro está que su utilidad práctica no sería posible sin el acompañamiento de una buena brújula.

Con estas prácticas y estudios espero adquirir un mayor conocimiento del entorno que me rodea, y en donde habito, aparte de beneficiarme de los aspectos lúdicos que ya de por sí brinda la Naturaleza con su sola contemplación y disfrute. No pretendo alcanzar ningún objetivo concreto o realizar un análisis en determinada dirección; sino dar a conocer el valor de estas sierras, por si ello sirve para que se respeten todavía más.

Me gustaría documentar con más precisión los accidentes geomorfológicos más destacables, así como reflejar las actividades humanas y sus relaciones con la etnografía, la flora y la fauna. Deseo que este testimonio adquiera mayor diversidad de temas tratados, así como mayor coherencia y armonía en todo su conjunto, entre todas las partes componentes del mismo. No sé si lo conseguiré, lo dejo al criterio de ustedes, los lectores.

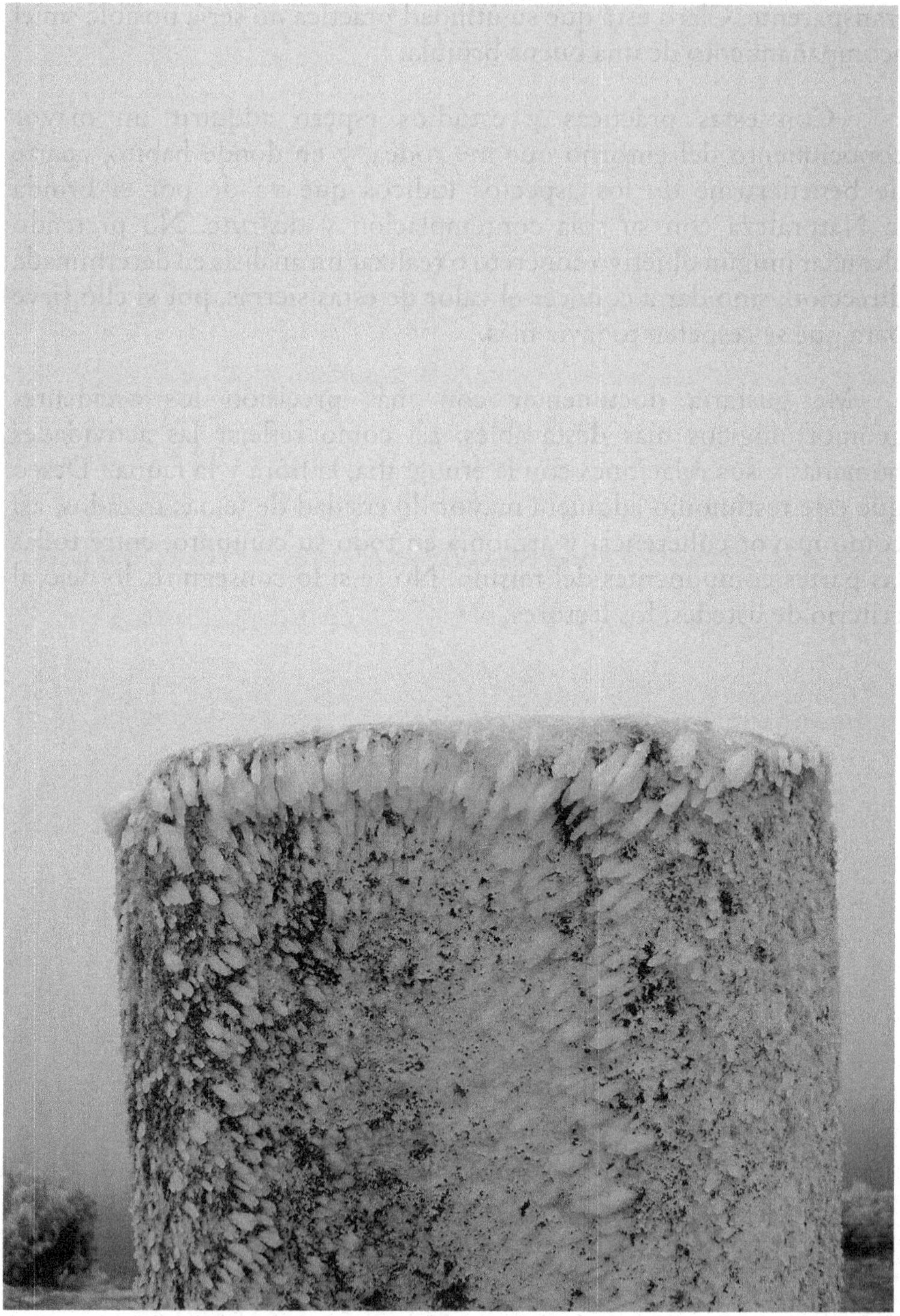

XI

Revolviendo muy de par de mañana entre los apuntes y notas de las salidas al monte realizadas entre los años 2012 y 2017, encuentro referencias que me parecen interesantes de transcribir en este trabajo. Hoy el día está muy ventoso, por causa de las borrascas atlánticas que atraviesan la Península, por lo que, de nuevo, me dedico a teclear una vez que termino las tareas básicas que acostumbro efectuar temprano.

El cuaderno de "bitácora" lleva por título «Rutas Montañeras», y ya que lo realicé durante aquel periodo, creo que no debo dejar que caiga en el olvido. Pienso que encaja a la perfección en este relato y además tengo muy buen recuerdo de aquellos años y de todas y cada una de las excursiones que realicé por los montes de Tierra Estella. Entonces acostumbraba a salir a la Naturaleza prácticamente a diario, en bastantes ocasiones todos y cada uno de los días de la semana, incluidos los sábados y domingos. Este capítulo va a estar dedicado a ello, a rememorar aquellas salidas que aún permanecen en la memoria como si hubiesen sido efectuadas ayer:

«6 de diciembre de 2013, viernes

»Desde el monasterio de Iranzu me dirijo hasta el término de Lizarrate, lugar donde cuando éramos más jóvenes solíamos pasar más de una noche en la *txabola* del mismo nombre, que aún existe porque fue reformada después de algún que otro incendio debido al mal uso que algunos hacían del fogón.

»Desde allí, por la *aldaya* de Legarobi, me desplazo a Krezmendi, empleando en ello unas dos horas. Una vez que saboreo un buen almuerzo en la cima, y tras contemplar la vista imponente que se contempla, que incluye el Pirineo, la sierra de Codés y el Moncayo, me desplazo a pie a la fuente de Larraiza, y al refugio del club Montañero de Estella, que se encuentra a unos quinientos metros de ésta. Sólo he pisado nieve en Krezmendi y el día, a pesar de encontrarnos en el mes de diciembre, brinda la presencia del sol.

»He de destacar que hasta la fecha, en estos últimos meses, he ascendido una docena de veces a Krezmendi, más o menos. Lo he hecho desde la casa-palacio de Urra, por el sendero del Castañar. También por una brecha en la peñera, a la que he bautizado como el "Tótem", porque hay un bloque de piedra monolítica enorme que lo recuerda. En su parte superior prosperan los helechos, y en otras caras laterales los musgos, por lo que parece un ser animado. Otras veces voy por el pinar de Mandabide, por el raso de Igarate, o por el puerto Piturri. Este último pertenece a la conocida ahora como "Ruta del pastoreo". En todas las ocasiones he disfrutado muchísimo y apenas si he encontrado a alguien, algún que otro montañero a lo sumo. La climatología ha sido a veces adversa, pero sin resultar demasiado incómoda o desagradable.»

«7 de diciembre de 2013

»Al día siguiente regreso a la misma zona, pero con algunas variantes. El punto de partida es el mismo: el monasterio de Iranzu, aunque, en vez de ascender a Lizarrate, tomo la pista que por la regata va hasta el pinar de Mandabide y desde allí a la *aldaya* de Legarobi, desde donde, por un fallo en la peñera, me aúpo a la misma. Voy después por encima de la cresta caliza, realizando varias incursiones en alguno de los salientes rocosos, para contemplar a mis anchas el cañón de Iranzu, el monasterio del mismo nombre, y el valle de Yerri. Llego de nuevo a Lizarrate, tras descender a uno de los caminos que allí conducen. Empleo en total unas cuatro horas, incluido el descenso por el hermoso cañón de Iranzu, y el sol vuelve a prodigarme sus rayos en esta jornada maravillosa».

«8 de diciembre de 2013

»Esta vez, por el cañón de Iranzu y la regata que está debajo de las peñas, llego directamente por el hayedo hasta la cima del monte Dulanz, la más alta de toda la sierra de Urbasa (1.243 m). Desde la cumbre la vista de toda Urbasa es grandiosa, así como la de la sierra de Andía y el monte Beriáin. Aún me dirijo después por la cresta de la peñera a Krezmendi, tras pasar previamente por el portillo del Tambor, donde se encuentra la pequeña escultura de hierro que representa una carbonera. Está erigida sobre una roca, en recuerdo a los carboneros de Echávarri. Por aquella zona, desde tiempos inmemoriales, sus habitantes realizaban esta actividad, ya que eran terrenos que les pertenecen aún.

»El descenso lo realizo por la fuente de Larraiza y, desde allí, enlazo con el cañón descendiendo por el hayedo y después entre robles majestuosos, quizá milenarios. Empleo en total unas cinco horas y el clima vuelve a ser agradable y soleado. Contemplo unas vistas increíbles y a mi regreso al coche me siento pletórico y reconfortado».

Hago un alto en la narración de mis aventuras pasadas. Me he levantado hace casi hora y media: a las seis de la madrugada. El motivo es que ya me sentía del todo descansado; duermo divinamente si el día anterior voy al monte, como fue el caso de ayer. Estuvimos en Krezmendi. Hoy jarrea, pero de momento no diluvia. O sea, que llueve con intensidad aunque algo menos de lo que cabría esperar después de ver el parte meteorológico, el cual no era nada halagüeño porque una borrasca profunda está atravesando el golfo de Vizcaya y, en consecuencia, la tenemos casi encima.

Las tareas del hogar ya están más o menos concluidas, así como el aseo personal. He puesto al fuego lento de la cocinilla un cocido de garbanzos con chorizo, patata y cebolla. Al final, cuando todos estos ingredientes ya estén casi hechos, le echaré un poco de borraja ecológica del huerto de Josete y Sole. Ayer me trajeron una muy hermosa, sana y fresca. Como me encuentro muy bien y despejado, un día más me dedico a escribir de par de mañana.

Quiero irme muy pronto a Almería, pero el tiempo de momento me lo impide y además faltan algunos arreglos que realizar en el "nuevo" vehículo. El otro día marché a dar una vuelta con él y la temperatura se puso al máximo, al parecer porque el radiador necesita una limpieza a fondo. La causa se debe a haber estado parado bastante tiempo. Aun y todo no sucedió nada que tuviese que lamentar, porque regresé enseguida al taller, en previsión de males mayores.

Una vez que comprobamos que no había sufrido daño alguno, Eladio se puso a ello. Lo soltó y lo va a enviar a Logroño para que lo revisen. Espero que el Mitsubishi Montero no me dé más guerra de lo normal. Así las cosas, creo que voy a continuar con el relato de las salidas al monte realizadas años atrás. La olla ya ha comenzado a silbar de forma suave, mejor que vaya poco a poco. La perrita descansa apaciblemente después de haber salido un poco a la era. Antes le he dado un poco de leche. Es muy lista, en cuanto ve que el día no está muy agradable que digamos, se tumba y se hace un ovillo. Bien, como me había quedado en el 8 de diciembre, continuaré con esas fechas.

«9 de diciembre de 2013

»Este día, desde Artaza, asciendo hasta la que denomino la "*txabola* del maestro".

—La nombraba y nombro aún así porque en este lugar situado en el término de Lidau, junto al de los pasos de Uia, hay un roble hermoso donde el padre de un amigo, que era el maestro del pueblo, solía poner el cimbel para cazar palomas. De ello hace ya muchos años. Mi abuelo también cazaba así, pero en las faldas de Montejurra. Por si alguien no lo sabe el cimbel es el reclamo: una paloma torcaz viva que, estando atada con una cuerda a las patas, se menea de vez en cuando tirando del hilo para que atraiga a sus congéneres que se encuentran por los alrededores o transitan por encima al vuelo. De este modo se sienten atraídas y se posan en las inmediaciones. Sucedía esto en la "pasa": la migración otoñal que realizaban hacia el sur; y menos en la "contrapasa": el regreso en primavera hacia latitudes más altas. Solían cubrir el cielo bandos de miles y miles de ejemplares, algo que en la actualidad no sucede por causa de su disminución y el cambio climático. De críos nos quedábamos maravillados ante semejante prodigio que duraba muchos minutos. Aun y todo, en pasos fronterizos como el de Echalar, todavía se las captura, en este caso con redes, y no con cimbel. La técnica consiste en arrojar hábilmente y con fuerza un objeto similar a un plato, de forma que planee. Ellas lo toman por un depredador: una rapaz como un halcón peregrino, resultando así una práctica que se ha hecho famosa en el mundo entero.

Durante un tiempo frecuenté bastante aquella choza y era mi costumbre quedarme a dormir en ella de vez en cuando. Algo de ello narré en la novela *El Laberinto de los Jeroglíficos*. A día de hoy la pequeña construcción está un tanto deteriorada y no la utiliza nadie. Hecho este inciso, continúo con el relato de entonces—.

»Hago fuego y me regalo con un almuerzo de *txistorra* a la brasa. Cabe aclarar que este manjar es una especie de chorizo, pero bastante más delgado y que se consume en fresco, bien frito o mejor aún asado en la parrilla. Eso le va muy bien, ya que contiene bastante grasa de cerdo y así suelta una parte de ella, resultando más ligera y saludable. Entre pan y pan, y con unos buenos tragos de vino de la bota, está deliciosa. Una curiosidad que debo detallar es que en Zubiri, un pueblo del Pirineo navarro, en una carnicería donde la elaboran, se vende (al menos se vendía) por metros, como suena. Ello le ha dado fama tanto al establecimiento como a esa localidad que se encuentra en el Camino de Santiago. En Navarra, este producto es toda una institución. No suele llevar pimentón picante, aunque hay quien también la elabora así, por ejemplo *Chichín*, otro carnicero de Estella que ha ganado varios concursos y a quien le concedieron por ello varios galardones.

»Desde allí me traslado a pie a la cima de Larraiza, donde hay un buzón de montañeros. Hace años era costumbre dejar en ellos una tarjeta acreditativa que certificase que una persona o varias habían ascendido hasta allí. Esa es y era su función, aparte de detallar la altitud de la cumbre y servir de referencia. De ese modo, quien la encontrase, debía enviarla por correo postal al club de montaña que figuraba en la misma. Al final del periodo, normalmente la primavera, en la fiesta anual, se concedían medallas de bronce a los merecedores de ello. La costumbre aún permanece, como digo, pero ha perdido su intensidad y frecuencia debido, entre otros factores, a las nuevas tecnologías. Aún suelo ver de vez en cuando alguna de ellas en esta o la otra cima, aunque he de confesar que jamás me tomo la molestia de remitirlas a su destino. Incluso hay quien deja algo de dinero para sufragar el gasto del sello de correos. Es otra de las curiosidades que me produce placer relatar, aunque esto último sólo lo he corroborado en una ocasión, y se trataba tan solo de un euro. En el buzón de Larraiza también suelen dejar caramelos de menta. Después del almuerzo, a nadie le amarga un dulce.

»Desde allí me acerco a la fuente, para regresar más tarde a la choza, donde vuelvo a avivar el fuego y me regalo otra vez con una merienda. Al final de la jornada realizo el regreso a Artaza. La niebla ha sido el factor meteorológico dominante de la jornada. He estado unas seis horas por ahí, en el monte, como una cabra».

Entre los días 9 y el 19 de diciembre de 2013, frecuenté esta misma zona, por lo que no deseo detallar todas y cada una de las salidas, sino solamente reflejaré las actividades y anécdotas que más merezcan la pena. Por ejemplo la recogida de leña de encino para hacer acopio en la cabaña, los asados de costillas de cordero y de morcilla o la compañía de *Ikatz* y *Lanio*, los perros que me acompañaban en la mayoría de ocasiones. Siempre les caía algo del ágape, lo cual, como es de imaginar, lo recibían con sumo agrado. Así que estaban más contentos que unas castañuelas disfrutando por el monte a todas las horas, con banquetes incluidos.

Sí que cabe reseñar apuntes como el siguiente:

«Vistas espectaculares. Desde Dulanz, descenso a Lizarrate por el hayedo, entre un atardecer íntimo y hermoso. ¡Gracias Señor!»

O este otro:

«Desde el día 16 al 19 de enero, tres noches geniales en la choza, con los perros, buen fuego de encina y buenos alimentos. Práctica del Conocimiento. Me entero de que viene a Barcelona Prem Rawat (Maharaji), mi maestro, digamos, espiritual, reconocido por la ONU con el título de Embajador de la Paz. Por lo que el día 21, sábado, me desplazaré para ir a verlo y escucharle en directo».

Tras el regreso de Barcelona, continué con las mismas prácticas, con inclusión de algunos paseos largos por las inmediaciones del Nacedero del Urederra. Lo solía hacer sobre todo por el sendero del canal, cuyo curso de agua mueve las turbinas de la central eléctrica de Zudaire. Esta obra de ingeniería, realizada hace ya muchas décadas, se construyó para conducir el suministro eléctrico a la fábrica de cementos Porlant, ubicada en Olazagutía, en el valle de la Sakana, o sea más allá de la peñera norte de la sierra de Urbasa. También pasé alguna que otra noche más en la choza:

«Cantos de cárabos y luna tardía sobre la palomera. Viento. Al día siguiente voy al barranco de Mezallor. Intento regresar por allí a la chabola, pero desisto porque está muy cerrado de bojes y llueve bastante. Visito el emplazamiento del antiguo poblado de *Amescoazarra*.

»Otro día de felicidad, fuego y parrilladas, leña y Conocimiento, Naturaleza salvaje y hermosa, y nieve. Ha caído de forma copiosa, pero se va pronto. Subo la motosierra en la mochila, tras desmontar la espada. Mañana terminaré de cortar un tronco grueso de encina que cayó por su propio peso. Calculo que hay unos quinientos kilos. Asado de cordero en un hierro de la chimenea. ¡Cojonudo, buenísimo! Vistas sublimes. Esfuerzo titánico para acarrear la madera. Atardecer grandioso».

Cambio de asunto. Acabo de estar en el taller y Eladio me ha dado buenas noticias. La subida de temperatura no se debe a ningún fallo del sistema de refrigeración, radiador incluido, ni a ninguna otra causa derivada del funcionamiento del motor. Por el contrario, el origen es algún empalme del sistema eléctrico que transmite la información al cuadro de mandos, o incluso del propio indicador. La prueba está en que marca la anomalía incluso con el motor parado, en frío. Es un problema por tanto leve, aunque le está costando localizar el lugar concreto. El sensor ya lo ha cambiado por uno nuevo.

Por otro lado, aprovecho para concretar el tema de la garantía. Me ha dado tres meses a partir de la fecha, no de compra; sino desde cuando yo regrese de Andalucía y él pase previamente la ITV. Me ha satisfecho porque así contaré con este periodo, que coincide más o menos con la primavera, para ponerlo a prueba. Los demás aspectos los dejamos ya bien claros por escrito en el contrato de compra. Por todo ello, me voy a ir de viaje aún más tranquilo, tanto por la confianza que me da como por el interés que está poniendo.

Son las once de la mañana y sigue lloviendo más o menos "a mares", con acompañamiento sinfónico de rachas fuertes de viento del norte y del oeste. Aparto el cocido del fuego, las patatas y los garbanzos están hechos. Dejo la olla sobre la chapa, pero a un lado, donde recibe el calor justo para mantenerse latente. Hoy no lo voy a acompañar con borraja, ya que estos días he comido bastantes verduras. Se la echaré mañana.

Ha comenzado febrero y continúa jarreando, aunque ayer dio una tregua y por la tarde lució el sol. Aun y todo comienza a pasarme factura tanta humedad, por lo que tengo que armarme de paciencia. Del otro lado, a pesar de que esté a punto de marcharme para Almería, el hecho de saber que en la casa a la que voy no hay leña para la chimenea me desanima un poco. Debo ser fuerte en los momentos de debilidad, en las situaciones un poco más difíciles. El invierno aquí en la Améscoa no es fácil, pero, ¿lo es en algún sitio? Ni el invierno ni el verano con el cambio climático. Creo que me vendrá bien cambiar de aires, pero el viaje, como siempre, me da bastante pereza.

El nuevo vehículo está en el taller. Lo del aumento de la temperatura ya está más o menos solucionado, pero se necesitan aún unos días para recomponerlo. Son las ocho y ha comenzado a clarear, aunque, como diría mi primo Toño, "el día está más oscuro que el sobaco de un grillo". Enseguida voy a vaciar el cenicero de la estufa de leña, como hago todas las mañanas. La perrita, como escucha la lluvia, no hace ni mención de salir al exterior a hacer sus necesidades.

Voy a continuar con el relato de mis excursiones de años pretéritos, que es la finalidad de este capítulo sobre mi vida en las *Amezcoas*. Antes debo decir que los últimos días de diciembre de 2013, incluida la Nochevieja, casi todo el mes de enero de 2014, y gran parte de febrero, los pasé en las inmediaciones de la choza, en compañía de los perros. Realicé numerosas excursiones con múltiples variantes, por lo que tampoco voy a incidir más en ello, ya que las vivencias que quería transmitir han quedado bien expuestas.

Entre los años 2014 y 2017 continué más o menos con la misma dinámica, pero poco a poco me fui desligando de los vínculos que tenía con la "*txabola* del maestro". Todo tiene su momento. Por otro lado, de este periodo no conservo referencias escritas que me sirvan de recordatorio.

En el mes de marzo de 2014 murió mi padre con noventa y cinco años de edad, después de una corta agonía. ¡Que en paz descanse! El caso es que, una vez que le dimos sepultura, decidí marchar un par de veces al parque natural del Cabo de Gata en compañía de uno de los perros: *Ikatz*. Estuvimos en la primera ocasión unos quince días. Después regresamos al mes siguiente, en abril, y permanecimos casi un mes. Dormíamos en una furgoneta Citroen Berlingo, de forma bastante cómoda, ya que le había quitado hacía mucho tiempo los asientos de la parte trasera. Realizamos muchas excursiones por todo el parque, pesqué algún que otro pulpo, y estuvimos "la mar" de a gusto en plan hippy. Tuvimos algún que otro altercado leve con la patrulla de la Guardia Civil, nada más que por el hecho de pernoctar en el vehículo. A partir de aquellas fechas, como se acercaba la Semana Santa, comenzó la presión sobre los turistas más aventureros que dormíamos en furgonetas o caravanas. La afluencia iba en incremento, así como el deseo de que la gente hiciese gasto en los campings de la zona. El caso es que, después de casi veinticinco días con sus noches, harto ya de que me diesen la tabarra con la misma monserga, regresamos a nuestra tierra del norte de España. Yo entonces residía en Estella, en el antiguo piso que había sido la vivienda familiar. De ese modo pasó el tiempo, los días, los meses y los años, continuando con la misma dinámica montañera y solitaria.

Durante los veranos solía ir al río Urederra a diario, donde tuve varios emplazamientos. Uno de ellos era una pequeña caseta-vivac que construí con algunos troncos que el cauce había depositado en la orilla. A ello añadí algunas lonas de viejas tiendas de campaña. Pasé también varias noches allí. Transcurrían las jornadas de más calor entre baños de agua y de arcilla, sol y sombra, lecturas, escritos en el ordenador mini o en el cuaderno de notas. De esa época es la novela *El Laberinto de los Jeroglíficos*. Disfruté de algunas barbacoas en primavera y de otros ágapes en verano, que guisaba en la cazuela. Solía cocinar también a menudo langostinos a la plancha, en una sartén grande. Quizá no lo creerán si les digo que acudían gran cantidad de truchas del entorno en cuanto me ponía a la faena, ya que les echaba algún que otro regalo.

El olorcillo las atraía enseguida y se acercaban hasta la misma orilla a la espera de las cabezas o de las patas de los crustáceos, debidamente troceadas. Era alucinante, me hice amigo de ellas. Se lanzaban con avidez y había que ver la competencia que mostraban por hacerse con el mejor bocado. Algún que otro ejemplar era de tamaño bien considerable y así estuve disfrutando de su compañía no poco tiempo. Solía pescar cangrejos y con ellos me compuse buenas meriendas, sobre todo con tomate.

En noviembre de 2017 continué reseñando las salidas que realizaba. Se acercaba el invierno, los días eran muy cortos y tenía más tiempo para escribir, sobre todo por la noche, momento en el que me retiraba al calor del fuego del hogar. Fue una época también de recolección y estudio de numerosos fósiles marinos del periodo Cretácico superior de la era Mesozoica. En aquellas horas nocturnas, los extendía sobre la mesa y me dedicaba a catalogarlos con varios libros.

A partir de aquellas fechas volví a anotar las salidas, que fueron más variadas en cuanto a su localización geográfica, eso sí, dentro de los límites más o menos de Tierra Estella. Anduve en bastantes ocasiones, por ejemplo, por Montejurra, por los alrededores del cauce del Uiarra; también en las Limitaciones de las Améscoas, o en las peñas de Echávarri: Azanza, Larraiza…

Las excursiones de más grato recuerdo, a pesar de que todas permanezcan en mi memoria con buen sabor de boca, son las de la vertiente norte de la sierra de Lokiz. Es un territorio poco frecuentado, de enorme atractivo y gran diversidad biológica, con numerosas especies animales y vegetales, bosques espesos de robles, hayas, fresnos, encinos… La geomorfología consta de terrazas sedimentarias, meandros, vaguadas, montículos redondeados y regatas que desaguan el aporte de las numerosas lluvias que recibe. En suma, bastante salvaje aún, de los que más. Accedí desde los pueblos de Larraona, Aranarache, Eulate, Ecala, San Martín o Baríndano, o sea, de todos. Recorrí en aquel periodo el cauce completo del Uiarra, cuando el estiaje o los niveles bajos de agua me permitieron hacerlo. Allí encontré numerosos fósiles como erizos, caracolas, ammonites... No faltaron tampoco las visitas a la vertiente sur de la sierra de Lokiz, desde Ollogoyen, Ollobarren, Ganuza, Aramendía, Muneta y Galdeano. Por allí hay numerosas surgencias, balsas y algunas ermitas.

Conservo bastantes apuntes de aquella época, pero sólo del periodo que va de finales de 2017 a principios de 2018, cuando, quizá ya cansado de escribir todas las tardes, dejé de hacerlo. Para concluir este capítulo voy a transcribir algunas, las más significativas. Debo también antes reseñar que entonces tenía una perrita, a la que puse por nombre *Kika*. Era también una perra pequeña, "ratonera", de color canela, la cual, por haberse criado en compañía de *Ikatz* y *Lanio*, tomó enorme afición a perseguir jabalís, corzos y otros animales que pueblan esos montes y valles. La contrapartida era que a veces desaparecían mucho tiempo tras ellos, y además que mostró afición desmedida por las ovejas, lo cual no me causaba ningún placer sino todo lo contrario. Van ahí las últimas anotaciones, que fueron más escuetas:

«13 de noviembre de 2017, lunes

»Montejurra, subida del *via crucis* (trayecto realizado por los carlistas para conmemorar a sus muertos de las guerras), ermita de San Cipriano, cima, chavola de caza, vuelta a ermita y bajada por la Mina».

«Día 14, martes

»Aranarache (Améscoa Alta), puente de Amasobe, camino de Artsasueta, cima del Larraineta».

«Día 15

»Galdeano (valle de Allín), brecha de Ibirin, ermita de San Cosme y San Damián. Regreso por la brecha, Las Cruces, Lejari, Galdeano.»

«16 de noviembre, jueves

»Eulate (Améscoa Alta), molino, San Adrián, barranco de Aizkorribe, regata de Iturbarrenea, Txipidoia, las Palomeras, Zikilamendi, Larraineta, balsa de San Saturnino, regreso por la Brecha».

He de añadir a día de hoy que esta última excursión fue muy emocionante y placentera, ya que discurrió por esta zona tan salvaje antes mencionada, al margen de caminos convencionales en ocasiones, como muchas otras jornadas de aquel periodo. Lo hacía con la ayuda del mapa y a veces de la brújula.

«Día 17

»Bagaio, Legumbe, y vuelta a Bagaio desde las Aguzaderas».

Esta ruta comienza en el extremo occidental de las Limitaciones de las Améscoas y se dirige hasta la peñera norte de Urbasa, desde donde se contempla una vista singular de la Sakana y de algunos montes vascos como el Aizkorri o la sierra de Aralar.

«Día 18

»Ermita de San Blas (Artavia), Larraiza, crestas de Larraiza, descenso por el paso de la Abuela».

«19 de noviembre, domingo

»Aranarache, Amasobe, Lezautxipi, Esape, barranco de Esape, Larraineta, San Saturnino, camino de Artsasueta, Amasobe. Total: 5 horas».

En fin, que he querido transcribir estas citas anteriores para mostrar cómo aquella semana, al igual que otras, no dejé ni un solo día de salir al monte. Además, lo hacía en lugares bastante variados de toda *Lizarraldea*.

Durante todo el mes de noviembre de 2017, sucedió más o menos lo mismo. A partir de diciembre las referencias son algo más extensas. Incluyen también algunas salidas por los montes aledaños a Estella-Lizarra, como esta:

«Viernes 1-12-2017

»Paseo de los Llanos, peña sobre playa fluvial, ermita de Santa Bárbara, pista de Arbeiza, pinares, chalés de Los Pinos, Estella. Unas dos horas».

O esta otra:

«Sábado 2-12

»Por la mañana: Convento de Santo Domingo, la Cruz de los Castillos, la Atalaya.

»Por la tarde: Desde Cordeleros a Peñaguda, San Millán, Apala, camino de Grocin, vuelta a San Millán por la finca de Teo, Peñaguda. Bastante nieve y frío».

Solía realizar estos últimos recorridos por los alrededores de Lizarra, sin coger el vehículo, cuando la climatología era más adversa.

Como se puede observar, mi vida por aquel entonces se desarrollaba en gran medida en torno a la Naturaleza. La disponibilidad de tiempo libre y mi afición al aire libre me llevaron a ello, del mismo modo que ahora.

De este tiempo que media entre 2012 (cuando comencé a "echarme al monte") y 2019 (año en el que fui a vivir a Mendigorría), conservo aún algunas referencias más extensas que quizá las exponga en alguno de los siguientes capítulos. De momento lo voy a dejar así. No deseo aburrir a los lectores con mis continuas andanzas, sino plasmar cómo ha sido mi vida durante la última década y media, aproximadamente.

XII

Hace ya más de una semana que dejé atrás el valle de Améscoa y vine para Almería, en concreto al parque natural del Cabo de Gata. Estos nueve días que llevó aquí los he dedicado a recorrer unos cuantos parajes del entorno y a saludar a mis viejas amistades. Lo he encontrado todo igual de hermoso, sobre todo el litoral. Los montes están un poco más secos de lo que suelen acostumbrar en estas fechas; apenas ha llovido, por lo que tienen un color ocre. Hace también más calor de lo normal, aunque sucede tres cuartos de lo mismo en el resto de España: anomalía térmica positiva. Bastante gente anda por aquí, al igual que yo, en busca de una estancia agradable y un cambio de aires. Sobre todo hay extranjeros, la mayoría jubilados, y autocaravanas, furgonetas y demás vehículos-vivienda ni te cuento. Hasta ahora he estado a gusto en la casa El Alférez, la vivienda que me alquila Rosa, mi casera, pero hoy me siento un poco agobiado por el entorno. Echo un poco de menos la tranquilidad de Artaza y los bosques aledaños. Me suele pasar esto a veces, por lo que no me coge de sorpresa. Otro de los factores negativos es la presencia de la suciedad en la Naturaleza, incluida la costa, así como algunos que otros ruidos, no demasiados, aunque sí más que en Artaza. Tengo pagado un mes de alquiler en el apartamento. Espero que la estancia no se me haga demasiado tediosa, después de tanta actividad en el valle de Améscoa. Aquí vengo a no hacer nada, a relajarme, pasear por ahí, acercarme a las calas y degustar alguna que otra comida sabrosa. ¡Qué vidorra, pensará más de uno o de una! Pues sí, la del jubilado, y la verdad es que no me quejo, pero como soy algo hiperactivo, echo en falta algo más de movimiento.

Ahora son las once de la noche. Tengo fuego en la chimenea. Todas las tardes la enciendo, después de ponerse el sol, hasta que me acuesto sobre las doce. Al principio se notaba frío en la casa, pero ya se va templando. Resulta agradable. Ayer mi amiga Dora me regaló un pequeño lote de leña de la casa donde vivía su madre, que ya falleció, por lo que está deshabitada. Fuimos juntos allí y después la cargué en el coche. Rosa también me trajo algo antes de que llegara y yo compré después un par de sacos más de olivo en un supermercado de Pujaire. Esto es lo más destacable de mi estancia hasta ahora.

Regresé a Artaza hace dos días, después de una estancia de dos semanas, una de las más cortas. Las otras dos que tenía pagadas las he dejado para la próxima ocasión, después de hablarlo con Rosa, a quien le ha parecido bien y no ha puesto ningún impedimento. ¿Por qué he vuelto tan pronto?, me pregunto: porque me ha dado la gana, ya estaban cumplidos los objetivos que me había propuesto. A pesar de la brevedad de la estancia, he tenido un conjunto de situaciones, viaje en coche incluido, que me ha hecho comprender un montón de cosas sobre mí mismo y sobre la existencia. Hasta tal punto que aún no las he asimilado del todo, y, por tanto, ni siquiera las puedo expresar con claridad. Tienen que ver con la vida, con la muerte, con la infinitud y la eternidad, la psique, el cuerpo… Así de simple, y de complejo, pero sobre todo así de simple…

Y aquí estoy, de nuevo, en la casa del pueblo, como si nada hubiera sucedido; y es que en realidad nada ha sucedido, nunca sucede nada, por más grave o apoteósico que sea lo que suceda. Sé que quizá lo que escribo sea difícil de entender, mas yo tengo la evidencia de que hay quien me entiende. Mientras que el mundo cada vez se vuelve más y más loco, mientras que el cambio climático se desata imparable, mientras que un nuevo "eje del mal surge", el Conocimiento del Ser me lleva a la sencillez de la comprensión, a la pureza de la inmaterialidad, a los confines más allá del miedo, la ansiedad y la ira. A la esperanza perdida de la vida eterna. A recuperar el sentido entre tanto sinsentido, entre tanto despropósito. Silencio ya, dejo de teclear: he alcanzado el estado perfecto cuando menos lo esperaba.

Mi vida en las *Amézcoas* se va afianzando, se consolida, voy descubriendo secretos sin pretender conocerlos; el paso del tiempo y la simple observación se encargan de ello. Me voy ganando también el respeto de mis vecinos, al menos el de algunos de ellos. Por lo que me siento satisfecho y poco a poco más o menos integrado, a mi manera, por supuesto. Todavía ando a vueltas con la puesta a punto del todoterreno que he adquirido. Hoy ha vuelto a dar algún problema, pero, como está en garantía y Eladio, el mecánico, hasta la fecha se está portando bien, no me preocupa demasiado. Además anda como un tanque y el motor ruge como una bestia indómita, bueno, no para tanto. He subido con él a las Limitaciones, por el puerto de Eulate, y arriba estaba cubierto de niebla espesa, de tal modo que no se veía ni "tres en un burro".

El día que regresé a Artaza tuve que limpiar la cocina calefactora de leña, después de más de tres meses ininterrumpidos de tenerla en marcha. Había mucha ceniza acumulada por todos los recovecos, hasta tal punto que casi estaba obstruida, pero la parte de abajo la dejé bastante saneada. Acto seguido la encendí, no sin antes calentar la chimenea con un calentador de aire eléctrico pequeño, de esos que se usan para el baño u otras estancias de la casa. De este modo el calor que se genera desplaza el aire estancado y provoca el efecto succión del humo en los primeros momentos del encendido. Si no se realiza esta operación previa, sale hacia afuera por todos los agujeros, ya que no es capaz por sí solo de romper el tapón atmosférico que se forma por causa del aire frío o en otras situaciones anticiclónicas debidas a la presión atmosférica.

El recorrido que efectúa es como un sifón, con el fin de que se caliente la paila (depósito de agua) y el horno de asar. El fuego y el humo deben ir "contranatura", desde arriba hasta casi el nivel del suelo, donde está la salida de gases, y después de nuevo hacia arriba. Además está mal construida, en sentido diagonal y no vertical como debería estar. Lo hicieron así para aprovechar la chimenea que ya estaba antes de instalar la calefacción y que era utilizada para una cocinilla económica convencional: una chapuza, un apaño poco recomendable. Aun y todo, creo que ya le he pillado de sobra el tranquillo, pero también he de decir que al principio se llenó la casa de humo y me dio algunos que otros quebraderos de cabeza, algo en extremo desagradable y frustrante. Por todo ello, debo limpiar de nuevo el conducto, a pesar de que el deshollinador lo dejó más limpia que la patena en el mes de septiembre. Pero es que es estrecho; no se corresponde ni se adecúa, como he apuntado, a las necesidades de un aparato que hace las funciones de calefacción y debe calentar siete radiadores. En cuanto pille la ocasión subiré al tejado, ya que Iñaki por lo que se ve anda de vacaciones, y le meteré a la chimenea una soga con una cadena enrollada que he preparado para que roce con las paredes de ladrillo del orificio vertical, donde se agarra la suciedad como una lapa. Esto no sucede tanto con los tubos metálicos, pero sí en los que están hechos "de obra". Lo peor es que debo dejar que se apague y, después de la limpieza, volver a encenderla, algo que no me seduce lo más mínimo. Entretanto debo ser prudente y no calentarla demasiado, no sea que la creosota acumulada prenda y se líe parda, algo que ya me sucedió una vez en donde antes habitaba, incidente que sin embargo, por fortuna, acabó en un susto. Terminó incluso siendo un suceso divertido, con ciertas dosis de humor. El caso es que tuvieron que venir los bomberos, y era la noche de Carnaval. La gente, al verlos entrar al edificio, pensaba que eran personas normales disfrazadas.

Hoy no ha sido un día especialmente afortunado. La interacción social con algunos de los habitantes de Artaza, con motivo de un *auzolan*, no me ha reportado demasiadas satisfacciones, sino más bien lo contrario. ¡Para qué voy a mentir! La excepción la ha marcado la conversación que he mantenido al mediodía con mi vecina, a quien he visto más animada que de costumbre, lo cual me ha alegrado por ella. Además solemos echarnos unas risas de vez en cuando, que es de lo mejor que le puede pasar a uno a lo largo de la jornada.

En este momento se cierne la noche sobre el pueblo. Es sábado y ha habido un poco más movimiento de lo habitual, incluidos algunos que otros ruidos, no demasiados. He conocido al alcalde, Hodei se llama. Le he comentado que tenía ganas de conocerlo y me ha respondido que él sí que me conocía a mí. Uno del pueblo me ha hecho después una broma que no me ha agradado demasiado; *pecata minuta*. Suele hacerlo cuando hay más gente presente, no sé si es que se pone un poco nervioso, inseguro, o se hace el graciosillo. La repartidora del pan ha añadido la nota discordante con un comentario personal que tampoco ha sido de mi gusto. Por si fuera poco he captado algunas que otras vibraciones negativas entre los hombres más maduros presentes en el *auzolan*, e incluso he tenido que escuchar algún que otro exabrupto bastante desagradable. No he querido entrar al trapo. El ambiente captado era a mi parecer cuando menos extraño, por lo que he desaparecido de allí enseguida. Quizá, hoy esté yo más susceptible de lo que debería.

Por la tarde paseo, un rato de lectura en el campo, y práctica del Conocimiento al llegar a casa. Poco más que decir. Me mantengo en la ecuanimidad, más o menos imperturbable ante los estímulos externos y los devaneos mentales. Deseo implicarme sólo lo justo con los demás vecinos. Quiero mantenerme en la vía de la consciencia, sin que nada me distraiga de mi objetivo: es posible que me quede poco tiempo sobre la faz de la Tierra y debo aprovecharlo para intentar alcanzar la inmortalidad (no física); si no, estoy perdido. Es la ambición más elevada. Todo lo demás no tiene valor para mí, salvo el afecto sincero basado en el desinterés y en la ausencia de juicios. Demasiadas preguntas indiscretas, excesivos prejuicios, valoraciones inexactas, encasillamientos y estereotipos. Parece que nos preocupen más las vidas ajenas que las propias. Añoro que mi ego se disuelva en la no identidad. Tengo sed de sentir el instante perfecto. Me muero porque llegue a mí el silencio, la ausencia total de pensamientos, la satisfacción plena, la comprensión infinita, la sencillez suprema. ¡Así sea!

Ayer estuve en el monte, en la zona del manantial de Iturza, al pie de Krezmendi. Volví a ver también por allí la gran cantidad de hayas que hay marcadas con unos puntitos verdes de pintura que indican su muerte próxima. De repente, y aunque ya lo consideraba más o menos inevitable, otra vez subió en mí el nivel de indignación e impotencia. ¡Qué cantidad de árboles! Estoy casi seguro de que en total hay cientos, miles, muy próximos, en toda la superficie del entorno de un paraje de una belleza extraordinaria. Me dio que quienes toman estas decisiones no tienen sensibilidad alguna, que se me perdone si me equivoco. Jamás haría yo algo así, quiero decir ser un instrumento para la tala de parte de un bosque que lleva ahí desde antes que nosotros.

Seguro que quienes se muestran proclives a ello, quienes fomentan esta serie de actuaciones difíciles de calificar, me contestarían lo que expongo a continuación. "El hayedo se recupera", es su argumento principal; pero ¿cuándo?, me pregunto, ¿a qué precio? Además, percibí lo que en mi opinión es toda una falta de conocimiento del ecosistema. Me refiero a que creo que impera una casi total ignorancia sobre la vida de las hayas y las demás especies, qué ejemplares se deben cortar y cuáles han de permanecer como sustento de los demás individuos. Es una opinión, ya que siempre se ha dicho que los amescoanos saben cuidar el bosque. ¿Será un tópico o es una realidad? Intentaré averiguarlo.

Pero hoy en día se sabe, por ejemplo, que la *Fagus sylvatica*, el haya, es un tipo de *Fagacea* muy sociable. Me explico, todos los árboles están conectados por las raíces. Los individuos más jóvenes son cuidados y reciben alimento de este modo de los más maduros, lo mismo que los ancianos, en concreto una solución azucarada. Si se talan los adultos y los más viejos, los retoños no pueden prosperar de forma adecuada, por lo que el bosque no se regenera como es debido. En la demarcación que se ha efectuado, la selección me parece cuando menos polémica, por más que de ello se ocupen los ingenieros forestales. Es posible que los técnicos que están en la cúspide ni se hayan acercado al lugar de los hechos; sino que otras personas, como funcionarios o algunos cargos públicos del Concejo, sean quienes han llevado a cabo el marcaje.

Por si fuera poco, dada la inclinación del terreno en cuestión, y su difícil acceso, la zona, tanto las *aldayas* como otros lugares más llanos, van a quedar irreconocibles. Ya he visto lo mismo anteriormente en otras partes cercanas. En una ocasión hasta me perdí, de lo cambiado que estaba aquello después de que anduviese por allí la maquinaria. Una excavadora y un buldózer transformaron el paisaje de forma drástica. El castigo que se va a infringir al medio natural, en concreto a la capa superficial de la tierra donde se desarrolla la vida vegetal y animal de numerosos microorganismos, que en Geografía se denomina regolito, sufrirá un daño difícil de calibrar. Por todo ello, harán falta no años sino quizá décadas para que aquello vuelva a parecerse un poco a lo que era, si es que lo hace.

Quienes fomentan estas actividades tienen conocimiento de estas consecuencias, al menos en parte, pero las asumen como inevitables. Se guían todos ellos, desde los que están más arriba en la toma de decisiones como quienes las secundan o apoyan, por criterios estrictamente económicos. En fin, que estos incidentes hacen de nuevo que se me caiga el alma a los pies.

Por otro lado, entre los vecinos del pueblo existe un desconocimiento total o parcial de estos hechos; pero resulta más cómodo no informar ni implicarse. Escucho encima rumores (sin pruebas que lo certifiquen) de que se va a vender toda la madera a una fábrica papelera, lo que me parecería, en caso de ser cierto, un desprecio hacia la madre Tierra. Valga o no todo lo que escribo para algo, mi deber moral es hacerlo, porque amo la Naturaleza, el bosque y el sagrado paraje de la sierra de Urbasa: Krezmendi.

Al día siguiente, sábado, marcho con el todoterreno al Monte de las Limitaciones, a la zona de Larraona, al término de Itandurrieta, el que más penetra hasta la peñera norte de la sierra de Urbasa. Veo también por allí que se ha talado mucho, sobre todo al entrar a la pista que conduce a Bagaio. No puedo evitar disgustarme al contemplar los consiguientes desaguisados que provoca la maquinaria que se utiliza en los trabajos forestales. Lo mismo sucede en otra pista que se adentra hacia la ermita de San Lorenzo y el puerto de Aranarache. Otros desastres más, espectáculos lamentables, suelos arrasados, sin vegetación, nuevos espacios abiertos, montañas de materia vegetal, como si fuesen desechos, por encima de árboles pequeños y de arbustos, huellas profundas de camiones, pilas de centenares de troncos cortados...

Por la tarde accedo a la parte sur de la sierra de Lokiz, desde el pueblo de Baríndano. A los dos lugares que menciono, hacía mucho tiempo que no iba, lo que me trae recuerdos muy gratos de no pocas vivencias acaecidas en estos parajes tan hermosos y ricos. La mala noticia es que aquí el hayedo, en su cota más baja, está prácticamente desapareciendo, ya que están secos casi todos los ejemplares. Para mí, sin duda, este fenómeno perturbador es debido al cambio climático. Al estar este bosque a menor altitud, sufre mayores temperaturas, recibe menos humedad y además está orientado de tal manera que debe soportar en verano una gran insolación. Por si fuera poco el suelo es más pedregoso y en consecuencia menos fértil. Los árboles sufren estrés hídrico y exceso de calor, por lo que se debilitan, siendo más vulnerables a la sequedad, las plagas y las enfermedades. De lo expuesto, deduzco que el bosque húmedo atlántico en estas altitudes está condenado más temprano que tarde a desaparecer, siendo sustituido, si hay suerte, por las encinas, los robles y los quejigos, que sí que prosperan en estas cotas y otros condicionantes físicos. Aun y todo también las encinas y robles, de la familia *Quercus,* son muy vulnerables al ataque de los insectos xilófagos que se alimentan o se reproducen en el interior de la madera, como está sucediendo en el resto de la península Ibérica con la "seca".

Cambio bruscamente de tercio. Noche toledana y amanecer complicado a cuenta de que estamos sin electricidad en el pueblo de Artaza. No me supondría mayor problema si no fuera porque la cocina calefactora he tenido que apagarla, ya que, aunque la tenía encendida al mínimo, a eso de las siete de la mañana ha comenzado a protestar. Es debido a que el agua del depósito se calienta y sube la presión al nivel en el que debería saltar la bomba eléctrica que activa el circuito. Ahora, después de más de dos horas de apagón, la aguja está posicionada más o menos en el nivel normal. En fin, paciencia, aceptación, ¡qué se le va a hacer! Estos inconvenientes son debidos a otra borrasca que está afectando a la península Ibérica y en consecuencia también a Navarra.

Por otro lado, no parece que sea para tanto y parece mentira que en pleno siglo veintiuno llevemos ya casi cinco horas sin electricidad, en dos periodos: el de la noche y el de esta mañana. Las facturas sin embargo llegan siempre puntualmente. ¡Ay, qué feliz vivía en Allo en este sentido! Son las nueve y cuarto y seguimos a dos velas, nunca mejor dicho.

Después de la tormenta, viene la calma. El dicho se ha cumplido. Ayer fue un día horroroso, incluida la noche: llovió todo lo que quiso y encima estuvo lo del apagón y esas rachas tan furiosas de viento. Aun y todo el balance ha sido positivo, ya que sólo he tenido que padecer una gotera mínima, que por otro lado la tengo localizada. Se debe a unas tejas que están movidas, sobre la parte de la escalera por la que se accede a la primera planta. He subido a la buhardilla y, sin embargo, el suelo estaba seco. Por lo que las gotas que entraron lo hicieron por filtración y no en caída libre, directa. Me inclino por verlo todo por el lado positivo. La calefacción no sufrió daño alguno después de aquellos sonidos tan quejumbrosos debidos a la falta de suministro eléctrico. Aunque la mantuve al mínimo, el agua de la paila acabó por calentarse, aumentando su volumen, por lo que al hervir el vapor pugnaba por escapar de algún modo. Creo que no tiene ninguna válvula de escape, de seguridad; un fallo imperdonable. Como la bomba que se activa con el termostato y hace circular el agua caliente por los radiadores estaba desconectada, las cabriolas inquietas del H_2O produjeron esos sonidos tan perturbadores y lastimeros que me obligaron de inmediato a apagar el fuego por prudencia. Cuando la electricidad volvió a eso de las doce del mediodía, volví a encenderlo y marchó como si nada, quitando algunas oscilaciones caprichosas de la aguja que marca la presión del sistema. Hoy ya es casi asunto olvidado y lo de la gotera parece algo nimio de fácil solución. A pesar de todo, debo andar siempre vigilante de todas las cuestiones relativas al mantenimiento de la casa que habito en Artaza desde hace ya casi nueve meses; ocho y medio para ser exacto, lo que resulta a veces un poco fatigoso.

En otro orden de asuntos, debo mencionar que he ido varios días a pasear acompañado. Primero nos acercamos con el vehículo al paraje que deseamos acceder, y, desde allí, nos vamos a pie, incluso bajo la lluvia. Hemos estado en el refugio de Larraiza. También en el extremo oeste de las Limitaciones, junto a la muga alavesa que delimita el muro, donde se contemplan unas talas a mi modo de ver muy agresivas, de individuos con una edad muy avanzada, centenarios. Nada más quedan unos tristes e inmensos tocones para conservar la memoria de unos seres más veteranos y sufridos que cualquiera de nosotros. Han quedado unas calvas desoladoras, unos huecos espantosos, y han dejado algunos que otros ejemplares muy altos, rectos, gráciles y bellos; pero completamente solos, expuestos a la insolación estival, y aislados al completo de sus demás congéneres. No lo entiendo.

El haya es una especie muy sociable que se comunica a través de las raíces, como ya he apuntado, y forma colonias extensísimas donde las condiciones climáticas, edáficas (del suelo) y de altitud y ubicación les son favorables. Los individuos más viejos necesitan de los maduros, para su cuidado, y viceversa; así como los retoños de estos, quienes los nutren durante la infancia. Sin embargo, talan tanto en verano, cuando los árboles están en plena actividad, como en otras épocas del año, cuando el suelo está húmedo, con el consiguiente deterioro que conlleva. Y por supuesto pasan por alto el hecho que acabo de mencionar.

Se me cae el alma a los pies al ver semejantes desaguisados fruto de los intereses económicos y de una gestión a mi modo de ver cuestionable. A este paso van a ir desapareciendo los ejemplares más ancianos del Monte de las Limitaciones, cuyos bosques a su vez son de lo más irregulares en cuanto a su edad. Me refiero a que hay zonas plagadas de individuos muy jóvenes que se desarrollan en un porcentaje excesivo en relación a la superficie en la que se ubican. Están hacinados y en ocasiones forman racimos.

Sin embargo, cuando se realizan las "limpias" o "claras", el criterio seguido me parece de nuevo de lo más incomprensible, ya que talan individuos en estado de cierta madurez, y se dejan otros sin un motivo cierto para mí. Y encima no se aprovecha la madera. Se debe quizá a que se busca el rendimiento económico futuro y no el bienestar de la familia de las hayas, del conjunto de la especie, algo que debería ser prioritario, crucial, más hoy en día con las olas de calor estivales.

Ello me lleva a la hipótesis de que nuestros antepasados conocían y cuidaban mucho mejor el bosque, de un modo más natural, menos agresivo, menos industrial, y más sostenible. Aparte, antes no existía la maquinaria de ahora, sino que se cortaban los troncos con sierras manuales y se extraían arrastrándolos con caballerías y bueyes. La consecuencia de estas actuaciones quizá impida que se regenere la masa forestal como es debido y que a la larga paguemos las consecuencias con creces. Cuando se contemplan las superficies arrasadas mediante estos procedimientos, el espectáculo es desolador. Pero en fin, la vida continúa y no parece que haya forma de frenar, y menos de detener, semejantes actividades, que por otro lado, a los promotores les parecen de lo más normales.

Por la zona de la reserva natural del Nacedero del Urederra, por donde también hemos paseado, el espectáculo es más gratificante. Lo mismo ocurre en el parque natural de la sierra de Urbasa, en las cinco mil hectáreas pertenecientes al Gobierno de Navarra. En éstas, la gestión forestal no es tan intensa, a mi modo de ver, quitando alguna que otra actuación como la tala radical de los pinares del raso de hace unos años. No obstante, debo reconocer que apenas me acerco por allí; suele haber demasiados turistas. A pesar de ello, también me llegan quejas. De vez en cuando se cortan hayas centenarias, no sé con que frecuencia, pero sí creo que es menor en comparación al Monte de las Limitaciones de las Améscoas. No obstante, no puedo certificarlo.

Es posible que más adelante realice un estudio sobre el tema. La menor actividad de trabajos forestales en el parque se debería, en todo caso, a su propia condición como tal. De allí creo que salen muchos menos camiones cargados de troncos, como consecuencia directa de la presencia del turismo de naturaleza, que genera algunos que otros ingresos, quizá no demasiados. Aun y todo, cuando le toca sufrir los efectos de la explotación de los bosques, se realiza también sin demasiados miramientos, de modo similar. Las empresas que se encargan de ello parecen actuar, se podría decir, bajo la consigna del "aquí te pillo y aquí te mato". Y hay quien me asegura que por allí también se tala a "matarrasa", una palabra que les gusta a algunos de los amescoanos.

Varios factores, el del corte abundante de árboles para venta de la madera, el deterioro que produce la maquinaria que traslada los troncos a los camiones, donde se cargan, y el tránsito de estos, son impactantes, cuando menos para la contemplación del paisaje. Quedan amplias zonas desangeladas y expuestas a los rayos solares más perniciosos de las olas de calor veraniegas. Otras superficies aledañas, nada desdeñables en cuanto a su extensión, se contemplan alteradas durante dilatados periodos de tiempo, a veces años. La capa superficial del suelo más fértil permanece yerma, por la presión ejercida por máquinas pesadas y enormes camiones de gran tonelaje. Como se trabaja también en periodos de lluvia, cuando la tierra está saturada de humedad, aparecen grandes barrizales y huellas profundas. Cuando el suelo está inclinado, se produce mayor lixivación, o sea, el arrastre de los nutrientes de la capa superficial del suelo, lo que acelera su empobrecimiento. Algunos árboles o arbolitos de otras especies desaparecen sin miramientos, a pesar de la normativa que los protege, a la hora de acondicionar estas "plazas" en las que se cargan los vehículos de transporte. Y el ir y venir constante de la maquinaria pesada de carga hasta ellos, la cual arrastra y transporta los troncos, arrasando todo lo que encuentra a su paso en periodos en los que el suelo está blando, deja la tierra como si hubiesen pasado Atila y sus ejércitos de jinetes. Sin embargo, cuando hablas de todo ello con los responsables y técnicos, afirman que actúan con mucho cuidado, que supervisan los daños y que al final todo queda subsanado.

La única alegría de estos días me la ha producido el hecho de contemplar que bastantes individuos de espinos, fresnos, y otras especies repobladas de forma artificial, prosperan con más o menos éxito. Pero no es comparable el porcentaje que sale adelante, ni la extensión repoblada, en mi opinión, con las superficies que se deterioran. Más bien son actuaciones simbólicas, quizá de cara a la galería.

Bastantes personas argumentarán, sin embargo, que el bosque acaba por regenerarse de forma natural, algo en lo que más o menos estoy de acuerdo. Pero es posible que no se le dé el tiempo necesario, porque las actuaciones son casi continuas, demasiado frecuentes, sobre todo en algunas partes del bosque, a pesar de que se roten las zonas en las que se actúa.

En consecuencia, según mi criterio, los siguientes factores no auguran nada bueno:

La intensidad y frecuencia de las talas sin el debido cuidado, respeto y conocimiento del bosque.

La casi permanente presión de los vehículos pesados y el deterioro del suelo que producen en cualquier época del año.

La disminución de las lluvias en términos comparativos con el pasado.

El aumento de las temperaturas.

La exposición estival extrema a los rayos solares.

El debilitamiento de los individuos y especies más sensibles al efecto pernicioso de los elementos negativos para la supervivencia.

El incremento de las plagas y enfermedades.

Quizá para muchos lo anteriormente descrito sólo sea la expresión de las paranoias de un visionario. Pero más vale prevenir que lamentar; nadie desea que la sierra de Urbasa como tal, su extraordinario bosque atlántico caducifolio, se reduzca de forma drástica o desaparezca antes de finales del siglo XXI. Es algo que podría suceder, aunque ojalá me equivoque.

Amanece nevando débilmente. Un ligero manto blanco cubre coches y tejados. Los pajarillos no se acobardan y siguen cantando como si nada hubiese cambiado. Hoy hace una semana de lo del apagón. Hace frío, aunque no lo siento apenas. La calefacción funciona sin problema alguno, ¡toca madera! He arrancado el todoterreno para ver cómo respondía: lo ha hecho a la primera. De vez en cuando caen del cielo algunos copos de algodón líquido, no muchos, y a ratos cesan. Es un día para tomárselo con mucha calma, y eso es lo que voy a hacer, más después de ayer, que fue una jornada un poco tensa. Ya pasó. De momento me limitaré a echar una leña de vez en cuando a la cocinilla, a rajar con la cuña-maza alguna que otra, para facilitar el funcionamiento, y a escribir, como no puede ser menos. Más tarde almorzaré.

Antes hay que dejar cifrada la crónica de mi vida en las *Amezcoas*, que se ha visto enriquecida con la adquisición del "nuevo" vehículo. Con él he podido acceder estas dos semanas a lugares magníficos que hacía tiempo no visitaba. A unos cuantos he ido con compañía, con alguien que disfruta tanto como yo paseando por ejemplo por las inmediaciones del río Uiarra. Apenas conocía todos estos lugares, y eso que lleva viviendo aquí cuarenta años. Lo hemos pasado en grande al caminar por esos y otros escenarios aún un poco salvajes, unos más y otros menos, mientras contemplábamos el prodigio que se abría ante nuestras miradas. También hemos estado en el entorno del Nacedero, donde anduve además el jueves en solitario, recorriendo una de las rutas que antes acostumbraba a realizar a menudo.

Son las nueve menos veinte minutos de la mañana. No se escucha ni un sonido en el pueblo. Es una maravilla; sigo valorando la ausencia de ruidos, a pesar de que de vez en cuando alguno aporte la nota discordante. ¡Son tan pocos! He de mencionar que los de una empresa de construcciones, excavaciones y mantenimiento de carreteras han causado un estropicio en las cunetas. Lo han hecho en la carretera que une Artaza con los demás pueblos, y también en la nacional que va a Estella. Desmochan, que no cortan, con tractores equipados de sierras, todo lo que encuentran a su paso, desgarrando árboles y arbustos de forma cruel y despiadada. Dejan una imagen desoladora, apocalíptica que deprime al más pintado; pero nadie, salvo una vecina hasta ahora, me ha comentado nada al respecto.

Parece mentira que en el siglo XXI utilicen métodos tan devastadores, y que ni el servicio de Medio Ambiente del Gobierno de Navarra, ni el SEPRONA o la Policía Foral les paren los pies. Nunca habían actuado de este modo, sino que incluso, en años anteriores, las limpiezas habían resultado de lo más satisfactorias, comedidas, efectuadas a mano con motosierras. Pero es que en esta ocasión han introducido las puñeteras sierras desgarradoras que portan los tractores, procedimiento que va bien en ribazos cubiertos de hierba o vegetación no leñosa, blanda, de fácil rebrote y recuperación. Todo lo contrario con lo que sucede en las cunetas que están pobladas de encinos, fresnos, robles y demás especies de árboles. En fin, de nuevo otro despropósito. Muchos ejemplares ni siquiera eran peligrosos para el tráfico rodado, ya que se encontraban bastante alejados del asfalto. Aun y todo han penetrado todo lo que les ha dado la gana, dejando, repito, un resultado descorazonador.

Entre las talas del monte y los desaguisados en las vías de comunicación, no hacen sino infringir castigo no merecido a la flora y fauna y perturbar el paisaje. ¡Basta!, ya me he enfadado. ¡Siempre lo mismo! ¿Es que no se dan cuenta de que hasta los turistas se van a quedar un tanto anonadados al contemplar los desastres que generan estas actividades humanas? Por favor, tengamos un poco de cabeza, de sentido común. Que realicen las actuaciones de un modo respetuoso, sostenible, y no a la brava como es la costumbre.

He de aclarar que, después de estar trabajando varias semanas en las cunetas, y aunque hayan arrasado con bastantes ejemplares, por lo menos estéticamente los han dejado un poco más apañados. Todo sea dicho, o en este caso escrito.

XIII

Comienzo este capítulo con el ánimo un poco alterado, aunque bajo control. Son las nueve de la mañana del domingo 23 de marzo de 2025. Lo del estado anímico un poco, digamos turbio, se debe a que llevamos el mes de final del invierno y un comienzo de primavera de lo más grises y lluviosos. Cuando marché a Almería cambió el tiempo, tanto allí como aquí, con temperaturas bastante por encima de la media. Regresé, y volvieron de nuevo las lluvias. ¡No sabe uno cómo acertar!, aunque casi mejor humedad que no calor anormal y excesivo para esta época del año.

Pero comienza a pasarme factura tanto tiempo desagradable, aunque tampoco haya que dejarse influir demasiado por esta circunstancia; hay asuntos más importantes y que requieren mayor atención, como el Conocimiento del Ser, de uno mismo. Por otro lado, con el cambio climático ya sabemos de sobra lo que sucede: la meteorología se ha vuelto de lo más impredecible y caprichosa. O no llueve nada, o cae toda el agua del mundo, tal y como está sucediendo también en casi todo el resto de España, donde hay regiones que están soportando crecidas importantes de los ríos y algunas inundaciones. En mi caso, por fortuna, el balance hasta el momento se ha saldado en una gotera que a día de hoy parece solucionada, aunque no cante victoria, por si acaso. Ayer subí al tejado dos veces, algo que no me agrada lo más mínimo, y coloqué lo mejor que pude algunas tejas que se habían movido y limpié las canales de algunos musgos y matojos que las obstruían.

Aun y todo, el cotejo como digo sigue siendo muy positivo a todos los niveles. Visito lugares y paseo por parajes muy hermosos, casi insólitos me atrevería a decir, en parte gracias a la ayuda del todoterreno, que va de maravilla. Tiene una potencia asombrosa, la cual me permite acceder por pistas que antes me eran impracticables. Es ahora mismo una de mis mejores bazas y me alegro mucho de haberlo comprado.

Tampoco me arredro ante la lluvia a la hora de ir a caminar, sino que cubro el cuerpo de arriba abajo con indumentaria impermeable. Suelo marchar con los prismáticos colgando del cuello, para así poder captar con más detalle la fauna y el escenario natural en el que vivo desde hace ya casi nueve meses.

Compagino todo ello con las tareas del hogar, los desplazamientos para realizar las compras y solucionar diversos asuntos, y alguna que otra excursión como la que hicimos a Mendigorría, a la finca de mi amigo Luis. Allí tenía que recoger algunos enseres personales que aún guardo. Ahora, antes de almorzar, voy a fregar el suelo de la planta baja.

El clima continúa igual de adverso, sin solución de continuidad. Llueve, llueve y llueve, pero no debo dejarme intimidar por esta situación, sino que es necesario valorar todo lo positivo, que no es poco. Hoy y ayer, visto lo visto, me he levantado un poco más tarde: a las siete y media. Sin haber dado las nueve de la mañana, ya casi están ejecutadas las tareas principales, sólo falta rajar algunas leñas de haya para que el fuego se anime y tire mejor. A la perra le está llegando el periodo de celo y ha comenzado a dejar un rastro de gotitas de sangre; es la regla que precede a la ovulación. Paciencia. Se suele poner muy alterada cuando esto le sucede, como es natural, y le dura dos o tres semanas que son un poco difíciles para ella y para mí. Ahora descansa sobre la butaca, donde tiene su cama, después de haberle dado su ración matutina de pienso.

Los pájaros, sobre todo los gorriones, continúan con sus actividades como si nada, como si no les afectara la lluvia lo más mínimo. Me sirven de ejemplo. Los animales son envidiables en este aspecto, sólo se preocupan de lo realmente imprescindible: sobrevivir y procrear. Tampoco tienen conciencia de su fecha de caducidad, del hecho inevitable de la muerte, aunque tengan el instinto de supervivencia aguzado, lo cual en cierto modo es toda una ventaja. Intentaré pasar el día del mejor modo posible, sin planes preconcebidos, ya que no sé qué planes se pueden hacer estando así el cielo. Por otro lado siempre hay cosas que realizar en la casa. Espero tener una jornada tranquila, sin incidencias que perturben el equilibrio.

Las lluvias ya han cesado, de momento, pero sopla viento del norte un tanto intenso, frío y desagradable, al menos de par de mañana. Me he levantado antes de lo habitual. ¿La causa? La perra se ha vuelto a cagar en la planta de arriba, en la sala donde se encuentran la biblioteca y el escritorio. Pero la culpa es mía, por haberle dado ayer al mediodía más ración de lo normal. El caso es que metí un churrasco de ternera al horno de leña, y la verdad que no estaba muy allá va, era bastante duro y correoso, con mucha grasa y tendones. El resultado se saldó en que se lo comió casi todo ella, al menos una buena parte, y como antes le había dado una ración generosa de pienso... No escarmiento, ya es la tercera vez que me pasa. No ha dejado mucho rastro, aunque he tenido que fregar la alfombra, para las seis de la mañana, ventilar y encender una barrita de incienso para espantar la miasma. ¡En fin, qué paciencia! Por lo menos hoy no me he cabreado. Ahora son casi las ocho y media. Es domingo y no he querido ponerme a rajar leñas tan temprano, por el ruido que se lía. Lo haré más tarde. Ayer y hoy estoy con el ánimo un poco más bajo. A ver si remonta.

La semana pasada he andado bastante por ahí, por el monte, sobre todo por las inmediaciones del cauce del Uiarra, pero también por el Nacedero y el Balcón de Pilatos. A menudo lo he hecho acompañado. Estaba y está la Naturaleza pletórica con tantas y tantas aguas aquí y allá. Los dos ríos, los manantiales y regatas, bajaban hasta arriba de agua. Ayer ya había descendido el nivel, pero aun y todo los aportes se mantienen a niveles altos. Es una gozada verlos así, henchidos de esa abundancia y belleza naturales.

Son las ocho y media de la mañana del sábado 12 de abril de 2025, vísperas de Semana Santa. Hace unos cuantos días que no escribo porque he andado mucho por los montes y no ha habido tiempo para ello. Sin embargo, tengo bastantes cosas que contar, algunas nada buenas, las cuales son las que en realidad me preocupan. Se resumen en una: el puñetero asunto de las talas.

Resulta que, al parecer, el sacrificio de más de cinco mil hayas en el monte Krezmendi y alrededores es inminente. Es una cifra para mí desorbitada, escalofriante, en un paraje de una riqueza natural inigualable, y encima con una finalidad en apariencia absurda; creo que es todo un sinsentido. Me explico.

Ya he citado en capítulos anteriores que el dinero que se obtenga de esta actividad va destinado a la rehabilitación de la nave que adquirió el anterior Concejo de Artaza. Las autoridades tienen previsto colocar placas fotovoltaicas en el tejado de la misma, pero a costa del bosque, con daños al suelo y al ecosistema en general, quizá irreparables. Toda una contradicción que a casi nadie parece preocuparle, salvo al grupo de unas quince personas que nos concentramos el domingo junto a la casa del Concejo. Allí se leyeron un par de manifiestos en contra, en los que figuraban el número de árboles a cortar, así como las hectáreas en las que se va a desarrollar la actuación, unas treinta y ocho. También se desplegó una pancarta en contra, y se tomaron fotografías de los presentes.

Por si fuera poco, a los días, me comunican extraoficialmente que el pueblo va a obtener por ello, en principio, treinta y cinco mil euros. Si los dividimos entre el cómputo de hayas marcadas, resulta que por cada una de ellas se recaudarían unos siete euros, lo cual resulta una cifra irrisoria y hasta vergonzante, tenida cuenta que son árboles magníficos, algunos o muchos de los cuales ya estaban ahí antes que nosotros. Y como digo, aún queda por destacar el daño que se va a causar al terreno donde se sustentan, así como a la fauna y la flora colindante. ¡Juzguen ustedes mismos!

La pancarta la retiraron enseguida y todavía hubo quien exclamó que para ello, "para ponerla, deberíamos haber pedido antes permiso al Concejo". ¡Lo que faltaba! A pesar de todas las protestas, entre la mayoría de los vecinos reina el silencio, resultando que al parecer están de acuerdo con la tala.

Pero no acaba ahí la historia, sino que este suceso puede sentar un precedente muy peligroso. ¿Quién nos asegura que el día de mañana, quizá el año que viene, no se repita lo mismo en otra zona de los terrenos comunales del pueblo? De hecho ya hay otra actuación prevista.

Y aún me quedan por mencionar las que se continúan realizando en las cinco mil hectáreas del Monte de las Limitaciones de las Améscoas, que también están dejando unos paisajes perturbadores. ¿Reina la sinrazón, el interés económico por encima de cualquier otra causa?, o como opinan otros ¿nadie cuida la montaña como los amescoanos? ¿Es esto último mentira, falsa creencia, tópico erróneo? ¿O actúan con conocimiento de causa? ¿Soy yo el equivocado? Intentaré contestar a estos interrogantes, con pruebas tangibles, a lo largo de este escrito.

Yo contemplo la sierra y aledaños día y día, por mi afición a la Naturaleza y a caminar en ella. A mí me da que está sucediendo todo lo contrario: destrucción por doquier, en suma falta de cuidado y de respeto al magnífico bosque caducifolio que ocupa miles de hectáreas en nuestro entorno.

Me queda por reseñar la gran cantidad de hayas, robles y encinas que están secos o enfermos por causa de diversas enfermedades de los insectos xilófagos y muy probablemente por el cambio climático. Cuando más se debería mimar la masa forestal, se estaría actuando del modo contrario, como quizá nunca se había hecho durante siglos.

De todo ello se puede deducir la impotencia y la rabia que nos embarga al reducido grupo de detractores, ante comentarios como el siguiente:

—¿Vienes del monte?

—Sí, vengo de Krezmendi.

—¿Conoces el arco de piedra? —es un arco natural, una formación de lo más bella y caprichosa dentro del "bosque encantado" que conforma Krezmendi.

—Sí, desde que era muy joven, y me da mucha pena la tala que se va a realizar allí.

—¡Pues, a nosotros (sin especificar a quién se refiere) no nos da ninguna pena.

O este otro sucedido:

—¡Qué barato venden a la Madre Tierra —le digo a uno de los más ecologistas del pueblo—, por cada haya solamente van a obtener poco más de seis euros.

—¡Eso no es posible, son habladurías, la gente habla mucho! ¿De dónde ha salido esa información? —me replica, casi enfadado, o sin casi, lo cual también me perturba sobremanera.

En fin, estas argumentaciones a favor hablan por sí mismas, y son quizá el sentir general de los vecinos. Además, cuando se toca este tema escabroso se destapa la Caja de Pandora y se producen situaciones muy tensas entre partidarios y quienes nos oponemos.

Hace un momento he telefoneado a uno de los promotores de la protesta, para que me informe de la fuente de los datos que se manejan, pero su móvil estaba inoperativo. Necesito conocer de primera mano de dónde procede tanto el cómputo de árboles a cortar (aunque yo ya había hecho un cálculo aproximado in situ, sobre el terreno, de varios miles); así como el número de hectáreas y el dinero que se va a obtener. De este modo podré estudiar mejor el caso y defender así mis argumentos.

A pesar de todos los pesares, en las últimas semanas he realizado salidas magníficas tanto por la sierra de Urbasa como por la de Lokiz. Algún día, cuando disponga de más tiempo, y sea la ocasión, detallaré algunas. A grandes rasgos, he podido contemplar la surgencia del Nacedero y las de las Albarainas (otros manantiales que se encuentran también bajo el farallón rocoso semicircular del Balcón de Pilatos), como hacía mucho tiempo, pletóricas de caudal gracias a las últimas precitaciones. Del mismo modo, he disfrutado del cauce del Uiarra y de sus bosques, laderas y barrancos, que se muestran esplendorosos al comienzo de la primavera. Numerosas aves rapaces sobrevuelan la zona, incluidos algunos quebrantahuesos y águilas, los árboles comienzan a reverdecer y la naturaleza en general muestra sus encantos más irresistibles. Los mismos que parecen no emocionar a los partidarios de que se corten los árboles, quienes creo que no valoran de corazón esta riqueza insólita que nos ha regalado el Creador y en suma la Madre Tierra. Ante mi impotencia, repito, nada más me queda pedir a la vida que la gente recupere la cordura. Los más proclives a la explotación industrial del bosque deberían pasar una buena temporada en un territorio yermo, para ver si de este modo aprecian un poco más lo que se nos ha dado, siendo nuestra obligación moral preservarlo. Pero sucede lo contrario.

Hoy, domingo, volvemos a concentrarnos a la una del mediodía junto a la casa del Concejo de Artaza. El motivo ya se conoce: mostrar nuestro rechazo a la tala del monte Krezmendi y alrededores. Por otro lado, ayer volví a telefonear por la tarde a Imanol para preguntarle sobre la fuente, o sea sobre el origen de los datos relativos al número de árboles, las hectáreas donde se va a desarrollar la actividad y el dinero que pide el Concejo en subasta pública. Espero recabar a lo largo del día esta información, tanto para exponerla en este escrito como para poder transmitirla a otras personas. Resulta imprescindible estar bien informado y tener pruebas fehacientes de lo que está sucediendo.

Con esta finalidad he llamado también a otro antiguo amigo de par de mañana, a pesar de que nuestras relaciones no estén en el mejor momento. Sin embargo, es una de las personas más activas al respecto y cuenta además con datos de primera mano. Me ha citado dentro de una hora en su casa. Por todo ello, espero que a lo largo de la jornada tenga un conocimiento más sólido y profundo de todo este asunto tan desagradable, que tanto me afecta.

XIV

Ya obran en mi poder los documentos que acreditan las argumentaciones que he expuesto sobre la tala en el monte Krezmendi y alrededores. Son varios.

El primero es la "Resolución del Director de Servicio Forestal y Gestión Cinegética del Departamento de Desarrollo Rural, Gestión Forestal y Medio Ambiente del Gobierno de Navarra".

Deseo destacar que parece que esta institución foral antepone el "Desarrollo Rural" al "Medio Ambiente". Para mí, este simple detalle dice mucho, revela de forma velada que priman los intereses económicos ante la conservación de la Naturaleza.

Formulismos engañosos aparte, la resolución se basa en un informe de la "Sección de la Gestión Forestal", en el que se detalla:

"Superficie de actuación real aproximada en hectáreas (38,6)".

"Orientación predominante (suroeste)".

"Pendiente media aproximada (menos del 50 %)".

"Metros cúbicos extraídos (3.220,8)".

"Metros cúbicos extraídos por hectárea (83,5)".

Hay otra referencia importante a destacar en la concesión. Se trata de este apartado, en el que se lee:

“En su virtud, y en uso de las competencias que me han sido atribuidas por la Resolución 107/2019, de 8 de noviembre, del Director General de Medio Ambiente, por la que se delegan, entre otras, determinadas competencias a la persona titular de la Dirección de Servicio Forestal y Cinegético que tenía atribuidas el Director General de Medio Ambiente...”

Me parece otra muestra clara de la preeminencia de la gestión económica ante la conservación de los ecosistemas en los que se desarrollan estas actividades. Para no abrumar al lector con tecnicismos ni con datos que van más allá de lo que deseo exponer, me limitaré a destacar los más importantes.

Son los siguientes:

El total de árboles (hayas) marcados para cortar es de 5.091, con un diámetro medio de 31,4 cm, en una superficie de 38,6 ha, lo que da un resultado medio de unos 130 árboles por ha. Esta cifra resulta muy alta, en mi opinión, si no altísima.

Faltan otros datos importantes en esta concesión, respecto al cómputo actual aproximado de árboles por hectárea, así como los metros cúbicos de madera existentes en la actualidad.

Sin esta referencia es imposible realizar un estudio comparativo. O sea, se desconoce la masa forestal previa a la tala, la cual permitiría conocer el porcentaje de ejemplares a cortar por hectárea, y en toda la superficie de actuación. Al respecto, cabe exponer lo siguiente:

Esta carencia impide evaluar las repercusiones reales de esta actividad en un ecosistema único, el hayedo de Krezmendi y el paraje en el que se ubica. Según estimaciones de una persona que tiene muchos años de experiencia en trabajos forestales, supondría eliminar el 70% de las hayas de toda la superficie, 7 de cada 10.

Esta cifra me parece exagerada y carente de fundamento. No obstante, quizá no sea tan descabellada. Intentaré averiguarlo a lo largo de este libro, en base a datos reales, contrastados.

Si se añade el perjuicio ocasionado por esta explotación, en cuanto al deterioro del suelo por la maquinaria pesada, la contaminación acústica, los daños colaterales infringidos a la flora y fauna del entorno, etcétera; no hacen falta a mi entender muchos más argumentos para posicionarse en contra.

Téngase en cuenta, además, que aún no se ha precisado con exactitud el beneficio económico que obtendría el Concejo de Artaza, el cual nunca será comparable con el mal causado a un ecosistema único.

Los datos económicos se especifican en un "Bando" relacionado con la "venta de un lote forestal de haya", ofertado mediante subasta de concurso público con un "precio mínimo total de salida de 35.000 euros".

Aparte de ello, el Gobierno Foral prohíbe que los concejos y ayuntamientos embolsen más del 20% de su presupuesto anual en forma de beneficios derivados de la madera de sus montes comunales. Eso en el caso de que siempre y cuando todos los miembros estén de acuerdo, porque si no los ingresos sólo pueden llegar hasta el 10%.

Aun y todo, les queda la opción contemplada por la ley de repartir los beneficios entre el presupuesto de cuatro años consecutivos.

Este año el Concejo de Artaza tiene un presupuesto de algo más de 300.000 euros.

Bien, como digo, en principio se obtendrían unos 7 euros por cada haya eliminada, y unos 10 por cada metro cúbico extraído, lo cual son cifras muy bajas en comparación con el gran valor medioambiental del paraje. Pero aún queda por ver la evolución del proceso de la subasta y el beneficio económico final. Además, todo ello destinado a la rehabilitación de un edificio que fue una granja de aves, en mal estado de conservación, de uso aún incierto, por más que se planee construir dos viviendas, y cuyo coste de rehabilitación será sin duda enorme.

El Concejo de Artaza cuenta ya con otro edificio modesto en el centro del pueblo. En la planta baja del mismo se reúnen en pleno el presidente y los concejales. La planta superior, a pesar de haber sido reformada en fechas anteriores, y de haberse invertido en ella miles de euros, es a día de hoy un chabisque. Es así por causa de la dejadez y la pésima gestión de la misma.

Podría ser un espacio de uso público destinado a actividades culturales, fomento de la lectura, y lugar de encuentro y contacto social. Sin embargo, sucede todo lo contrario y debería darnos a todos vergüenza el estado en el que se encuentra. Y yo, y otras personas, nos preguntamos:

Si el Concejo no es capaz de gestionar y obtener rendimiento (humano) de un pequeño edificio que ya posee, ¿cómo será capaz de hacerlo con una nave que ha costado decenas de miles de euros, y que encima requiere de otra inversión de más cientos de miles? ¿De dónde va a salir ese dinero, del bosque? ¿Cómo se va a mantener y gestionar la nave? ¿A qué usos se va a destinar? Lo único que sabemos a día de hoy es que se van a colocar placas solares en el tejado para supuesto beneficio de los vecinos, mediante un contrato con una empresa eléctrica que no parece efectivo ni rentable. Aparte habrá que evaluar si el edificio llega o no finalmente a convertirse en varios apartamentos.

Me cabe opinar de todo ello que estoy en contra de la repercusión de las actuaciones del Concejo. No creo que haya habido ningún estudio profundo de viabilidad respecto a la eficacia del proyecto de la nave, aunque al parecer ha debido de solicitarse un proyecto a algún arquitecto. También debo puntualizar que fue adquirida por el Concejo anterior, tras realizarse una consulta popular que avaló la decisión de comprarla.

Por otro lado, creo que en todo el asunto de Krezmendi ha habido y hay, hasta el presente, falta de transparencia. Los datos respecto a la concesión los conocemos gracias a que un vecino elevó una instancia al Concejo demandándolos, no porque se hayan expuesto públicamente. Y la "subasta" ha salido a la luz porque el Concejo tiene la obligación de exponerla en el tablón de anuncios.

En consecuencia, cabría rogar a las autoridades que recapaciten en relación con estas decisiones tan polémicas y emprendan un camino más acertado y transparente en cuanto a sus líneas de actuación. Si no, ni el presente ni el futuro se muestran halagüeños, menos aún para los bosques colindantes. Además, en mi opinión, el Concejo debería ser menos ambicioso y más realista en cuanto a los objetivos que persigue. Un presupuesto anual (este año), de más de 300.000 euros de gastos, e igual cantidad de ingresos, me parece excesivo para un pueblo de poco más de cien vecinos, tanto como la tala proyectada.

En mi opinión, no se vislumbra ninguna sostenibilidad, ni en la Administración concejil, ni en el Departamento del Gobierno Foral, encaminada a la preservación del bosque caducifolio atlántico, de valor excepcional, y en suma de los parajes de uso público que lo cobijan.

Lunes de Pascua. Día gris, plomizo y húmedo, al menos de momento. La Semana Santa se hace ya pesada. Ayer, domingo, volvimos a concentrarnos en la Casa del Concejo para mostrar nuestro rechazo a las talas, que podrían calificarse de "desmedidas", aunque este calificativo les resulte ofensivo a los promotores y partidarios. Son las ocho y media de la mañana y me dedico a reseñarlo. Asistimos un grupo de unas diez personas, quizá alguna más. Los comentarios y aportaciones fueron los de costumbre, posiblemente con alguna nota más agresiva, sobre todo en referencia a las personas que influyen no poco en que los bosques se vean en peligro. Como novedad cabe citar el mensaje escrito que se nos hizo entrega por parte de dos de las personas más activas del colectivo. Dice lo siguiente:

«Nota informativa:

»Ante la rígida postura por parte de algunos miembros de esta corporación concejil y la aceleración de los procedimientos para la venta del lote del hayedo, nos seguimos sintiendo indignados, pero con la suficiente moral como para seguir reivindicando una revisión de esta marcación y el indulto de la zona de Krezmendi y Burgaloki.

»Comunicar que la prensa (Diario de Navarra) ha prometido sacar esta semana un artículo reflejando este caso y su divulgación pública.

»El próximo sábado día 26 de abril de 2025 a las 11 hay una reunión abierta y pública con los miembros de Concejo para intentar llegar a un acuerdo. Sería interesante máxima asistencia.

»Gracias a todos por acompañar y apoyar la resolución de esta crisis de gestión inadecuada e imprudente…».

En relación con ello decidimos también reunirnos el próximo martes, con el fin de preparar nuestra intervención en la junta extraordinaria. O sea, que es nuestro deseo ponernos de acuerdo primero entre nosotros para preparar las preguntas, protestas y sugerencias que habremos de manifestar ante el alcalde y los concejales de Artaza.

De todo lo expuesto se deduce que los detractores sentimos lo mismo, que nos mostramos absolutamente contrarios a lo que está pasando, tanto en Artaza como en el Monte de Las Limitaciones de las Améscoas. Este sentir colectivo en contra de la explotación de la Naturaleza reconforta, pero a la vez deprime. Sobre todo por las noticias que tuvimos sobre otra actuación en Legarobi, la *aldaya* oriental de Urbasa, perteneciente al Ayuntamiento de Améscoa Baja y situada entre los parajes de Krezmendi y Lizarrate. Yo ya sabía que se iban a cortar hayas también allí, desde el mes de septiembre del año pasado, por la conversación telefónica que mantuve con el ingeniero técnico forestal del Departamento de Desarrollo Rural y Medio Ambiente del Gobierno de Navarra.

Esta persona es también una de las tres que firman el Pliego de Condiciones de la Resolución a favor del Concejo de Artaza que lo autoriza a talar 5.091 hayas en el entorno de Krezmendi. Pues bien, la actuación en Legarobi, que aún no ha concluido, estaría siendo de lo más negativa, presentando aquello un paisaje de lo más desolador, según un testigo de nuestro grupo. Además, al haberse abierto algunos claros, el viento ha soplado allí con más fuerza. El resultado es que unas cuantas hayas han sido derribadas, ya que son más propensas a ello, porque sus raíces, ya de por sí no muy extensas ni profundas, son incapaces de sujetar al árbol. Sin embargo, el ingeniero me aseguró previamente que era necesario realizar la actuación, incluso que resultaría beneficiosa en términos ecológicos, y que el terreno quedaría en óptimas condiciones.

La normativa foral obliga a que así sea, tanto en lo que se refiere a los daños a la fauna y flora como a los desperfectos en el terreno o en la recogida de desperdicios y repoblaciones. Este hecho no coincide con lo que se observa in situ, sobre el terreno, resultando en último extremo ser la realidad contraria a lo que se afirma. Las pruebas son abundantes y, de hecho, no hay intervención en el bosque que no se salde con algún desaguisado de importante calibre. En suma, que todo quedaría en papel mojado, en términos burocráticos que se tejen desde los despachos de Pamplona. Por tanto, las promesas conservacionistas y de aprovechamiento forestal, por parte del Gobierno Autonómico (y de las entidades locales, incluida la Junta de las Limitaciones *Aristubelza*), acaban resultando dudosas y por ende quizá contrarias a los ecosistemas.

La impotencia y rabia que se desprende de esta agresión contra nuestros bosques ancestrales y el terreno donde se ubican, ha provocado que nos planteemos formar un colectivo organizado (finalmente no llegará a concretarse, al menos de momento). La finalidad es intentar detener, o al menos frenar, esta agresión cada vez más evidente. Además es nuestra obligación moral preservar esta riqueza, jamás computable en dinero, para las generaciones venideras. ¡Que quede constancia de ello por lo menos en este escrito y en nuestras actividades en contra de todo ello!

El martes pasado, día 22 de abril, nos reunimos una vez más un grupo de vecinos contrarios a la actuación forestal, en la planta baja de la Casa del Concejo de Artaza. La finalidad era preparar el encuentro que vamos a tener este sábado con las autoridades locales. Con anterioridad se había preparado el borrador de un escrito que lleva por nombre: "¿Has visto lo que se pretende talar en Krezmendi?" Después de realizar en él alguna corrección, en concreto sobre el porcentaje de árboles marcados en relación con el total de los existentes en la actualidad (por falta de datos no facilitados por el Gobierno de Navarra), se decidió hacerlo circular a través de las redes sociales. De este modo pretendemos que el mayor número de personas conozcan lo que se pretende realizar, ante el desconocimiento e ignorancia de los daños que van a causarse.

Hoy es el día señalado por el Concejo de Artaza para la sesión del pleno extraordinario sobre la tala en el monte Krezmendi y su entorno. En mi cabeza, y en todo mi ser, se agolpan los pensamientos y emociones. Por un lado, veo difícil que se consiga algo al respecto, aunque no imposible; me refiero a que parece ser que las autoridades desean seguir adelante con la actuación a pesar de todas las alarmas y protestas. Sin embargo, algo que no puedo evitar me empuja a intervenir en contra de esta explotación en el hayedo. El mismo bosque húmedo atlántico, caducifolio, que permanece ahí desde mucho antes de que nosotros y nuestros antepasados naciéramos. Y que es obligación moral nuestra, vuelvo a decir, preservarlo para las generaciones futuras.

Es un ecosistema único, que alberga no pocas especies vegetales y animales en un entorno kárstico calizo de una belleza y un valor natural incalculables. Es así hasta tal punto que podría calificarse de bosque encantado (no pocas personas lo llaman así), mágico, o incluso sagrado. A pesar de ello, destaca el escaso conocimiento y valoración del mismo. No se ha efectuado previamente ningún estudio ni informe sobre la masa forestal y la fauna y flora que habita en este ecosistema, así como las consecuencias futuras que podrían sobrevenir.

Respecto de la marcación de los 5.091 hayas que van a ser cortadas, parecen observarse algunas supuestas irregularidades a simple vista. Cuando vine a vivir a este pueblo, a finales de junio del año pasado, 2024, los árboles ya estaban marcados con un punto verde de pintura de aerosol. Transcurridas bastantes semanas de aquello, los funcionarios del Guarderío de Estella-Lizarra corroboraron ese marcaje con las señales realizadas en el pie de los árboles: un pequeño descortezamiento. Estas marcas, “de todos los pies a apear con chaspe y martillo en el tocón", se realizaron por lo tanto en base a las ya existentes. Éstas, quizá fueron efectuadas sin presencia de los funcionarios, por algún o algunos vecinos del pueblo. En consecuencia, cabría deducirse que el marcaje que corresponde realizar al Departamento de Desarrollo Rural y Medio Ambiente podría suponer nada más que un mero acto protocolario. Si a ello sumamos el gran número de árboles señalados y la ubicación de los mismos como protección del suelo, sostén del terreno y lugar de amparo para la fauna y flora, el resultado sería alarmante.

Aún queda incidir en el hecho de que cada haya se va a vender a un precio de salida de 7 euros, y unos 10 euros el metro cúbico, precio muy bajo tenida cuenta que bastantes son ejemplares de una belleza y valor que no se puede contabilizar en términos económicos.

Los daños resultantes, a pesar de las supuestas bondades que el "Pliego de Condiciones Técnicas" reseña, o sea, los males intrínsecos y colaterales, son difíciles de evaluar a corto, medio y largo plazo. En todo caso no son nada halagüeños. Más si se tiene en cuenta las condiciones imperantes de cambio climático. Después de la lectura del mencionado Pliego, pareciera que todas las actuaciones forestales, a las que se califica de "aprovechamiento" y no de explotación, se realizaran de forma respetuosa y comedida. Y que nosotros, los detractores, protestásemos por vicio.

Sin embargo, la realidad demuestra lo contrario en todas las explotaciones, tanto de los bosques comunales como en los de las Limitaciones de las Améscoas. Si a ello se suma el escaso valor económico de la madera de haya, y la falta de ideas y prácticas innovadoras y sostenibles que garanticen otras fuentes de financiación, el conjunto de circunstancias resulta preocupante. Todo ello va en contra del aumento de los gastos, tanto del presupuesto de la Junta *Aristubelza* como de los Concejos y Ayuntamientos. El resultado de las actuaciones forestales es siempre, en un caso sí y en otro también, el mismo.

Se traduce en sacrificio de múltiples ejemplares únicos a cambio de un precio económico muy pobre, si no ridículo en comparación al valor intrínseco que tienen para la salud del planeta Tierra.

En suma deforestación, calentamiento global y empobrecimiento de la atmósfera. El coste medioambiental incluye el deterioro del suelo fértil, los daños a la biodiversidad del entorno, la degradación del medio, la existencia de cada vez más calveros, pistas, rasos y zonas yermas, y un largo etcétera.

Finalmente, estas actitudes tan continuadas podrían llevar al debilitamiento de la salud del bosque, hasta tal punto que algún día nuestros sucesores podrían observar la desaparición del mismo, como ya sucedió en la sierra de Andía, sobre todo también por causa de las actividades humanas realizadas sin control.

Ayer se celebró (verbo quizá no muy adecuado para este acto) el pleno extraordinario del Concejo sobre la tala en Krezmendi. ¿Qué debo escribir sobre ello?: sensación agridulce, más agria que dulce, sobre todo hoy, cuando medito de par de mañana sobre ello con actitud serena.

Hubo diálogo, a favor y en contra, con momentos y situaciones un poco o bastantes tensas, y otros episodios más, digamos, amables. A pesar de esto último, la resolución parece ya tomada en firme desde hace tiempo, y nada parece que vaya a hacer variar el criterio adoptado.

La evidencia del poco dinero que se obtendría no parece importar a los miembros del Concejo, ni tampoco a las personas que se muestran favorables. Incluso no sería la única motivación, ya que parecen tener una actitud obsesiva hacia la eliminación de árboles en los bosques, lo que ellos llaman "clareos", o "claras", en contra de los consejos de algunos científicos de la comunidad internacional, quienes propugnan no sólo la disminución de las talas sino el aumento de las repoblaciones.

El criterio que adoptan estuvo apoyado sobre todo en las razones encabezadas por un vecino que afirma ser ingeniero forestal. Es presidente de la Junta de los Pastos. Él afirma que la actuación es favorable para el bosque y para el entorno en general. Se basa en que en el pasado se han realizado similares intervenciones, de igual magnitud, y en que el medio natural, según él, se ha recuperado sin problemas.

Reconoció además que había marcado las hayas con pintura verde de aerosol, previamente a las señales efectuadas en los mismos árboles por los funcionarios del Departamento de Desarrollo Rural y Gestión Forestal, lo cual quizá sea una irregularidad, porque creo que deberían haber estado presentes en la marcación desde el primer momento.

Además, el Gobierno de Navarra tendría que emitir un informe de uso público sobre la masa forestal existente, con el fin de conocer el porcentaje de la tala en relación con el total de la misma. Del mismo modo, era necesario un estudio preliminar sobre la fauna y flora, que no se ha realizado, así como de la riqueza de las formaciones geomorfológicas, de los recursos hídricos y del cambio de temperaturas y precipitaciones.

Según deduje, sin embargo, su argumentación, avalada por el Departamento foral, atiende casi exclusivamente a criterios económicos. Afirmó que así las hayas que queden podrán "hacerse gordas y tener mayor valor en el futuro". En fin, sobran por mi parte más comentarios.

Yo intervine bastante en el coloquio, si se puede llamar así, y rogué, e incluso supliqué (algo que no es de mi gusto), a las autoridades locales que meditasen sobre el tema. A pesar de que mi actitud calmada y respetuosa les resultase aceptable, no creo que me hagan o nos hagan ni puñetero caso.

Yo entiendo las razones que les mueven, y además debo respetarlas y las respeto, ya que son los representantes elegidos democráticamente. Pero lo que ellos no entienden es que nosotros, las personas contrarias que demandamos una actuación más suave, más moderada, y a nuestro entender menos agresiva, sufrimos de verdad por todo lo que está pasando y habrá de pasar en el futuro. Sentimos, siento (voy a hablar por mí), verdadera angustia cuando veo esas más de cinco mil hayas marcadas, sentenciadas a muerte. No quiero ni pensar qué sentiré cuando contemple la devastación posterior…

Por todo ello, cabría pedir al Departamento el acta pormenorizada de la demarcación de las 5.091 hayas. Del mismo modo, aclaraciones al Concejo respecto a la relación existente entre el presupuesto anual y el precio final de venta del lote de madera, cuyo importe de salida es, como se podrá recordar, de 35.000 euros.

En fin, que aun y todo hoy hay convocada otra concentración de protesta, a la una del mediodía, junto a la Casa del Concejo. Ya casi ni tengo ganas ni fuerzas morales para asistir, aunque creo que lo haré; algo desde mis adentros me empuja a ello: es mi obligación.

Para concluir este capítulo, la Junta *Aristubelza*, como ya he indicado, gestiona el Monte de las Limitaciones, cuya superficie es de unas 5.000 hectáreas, con un volumen de masa forestal desconocido para los profanos por falta de información. Pues bien, pedimos que tanto esta institución del valle de Améscoa, como el Gobierno Foral de Navarra, den a conocer el volumen anual de todo lo talado desde hace una década. Cada año salen de allí muchos camiones con toneladas y toneladas de troncos de haya, muchos de enorme grosor, lo cual podría suponer la extracción de decenas de miles de metros cúbicos, práctica quizá insostenible, a falta de datos concretos.

También, es conveniente que la Junta *Aristubelza* facilite otros datos como su presupuesto anual pormenorizado, las fuentes de ingresos, el porcentaje de la venta de madera de haya en relación con el total de los mismos, el destino de sus gastos, etcétera.

Se escuchan protestas, fundadas o no, en cuanto a que estaría actuando con una falta de transparencia que raya el oscurantismo, ocultando a los vecinos del valle lo que por derecho tendrían que conocer, y además con una autoridad caciquil que se aleja de las prácticas democráticas.

Habría que ver si todo esto es cierto, a falta de pruebas. Como no sé si sucede así, no puedo dar mi opinión en este caso concreto. Me limito a recoger el sentir de algunos vecinos. Tampoco me interesa profundizar demasiado en aspectos administrativos o políticos, salvo de momento los que guarden relación con la selvicultura.

XV

Mi vida en las *Amezcoas* ya tiene un antes y un después. La barrera, el límite entre ambas, que es más fino que un cabello, se produjo ayer por la tarde. Me explico. Resulta que volvió a haber una sesión en el Concejo de Artaza sobre la tala del monte Krezmendi. Pues bien, compareció el Guarda Mayor del parque natural de Urbasa-Andía, acompañado de uno de los funcionarios del Departamento de Desarrollo Rural, Gestión Forestal y Cinegética y Medio Ambiente del Gobierno de Navarra.

Al comienzo de la exposición argumental a favor, el primero de ellos (su acompañante no intervino en ningún momento), dio referencias a algunas de sus lecturas (sin citar ninguna fuente concreta) en cuanto a la "pobreza" del hayedo como refugio de biodiversidad de especies vegetales y animales, en comparación a otros ecosistemas, incluido el monte bajo.

Al escuchar semejantes afirmaciones infundadas, y tendenciosas, no pude por menos que pedir el turno de palabra para salir en defensa del bosque atlántico caducifolio, cuyos mayores representantes son el haya y el roble.

He de reconocer que me acaloré un poco cuando dije que estas masas forestales ya estaban mucho antes que nosotros, desde al menos el inicio de la época conocida como Holoceno, concretamente después de la última glaciación, acontecida hace unos doce mil años. Fue entonces cuando el clima se volvió más templado y lluvioso, conformándose estos bosques a lo largo del norte de Europa, hasta el día de hoy; al amparo de la corriente del Golfo, que desde el golfo de Méjico asciende a Escandinavia.

Por lo tanto, son bosques autóctonos, aunque se hayan visto alterados por las actividades humanas, y están cada día menos presentes en el planeta Tierra. Son defendidos a ultranza por gran parte de la comunidad científica internacional que estudia y evalúa las repercusiones del cambio climático.

También expuse sus beneficios como reguladores del clima, la aportación que hacen de abundantes recursos hídricos y de otras múltiples ventajas naturales, así como el hecho indiscutible de ser proveedores de oxígeno y sostén además del suelo fértil que impide la desertización por causa de las escorrentías.

A partir de este punto, la situación se volvió cada vez más tensa. La mayoría de los presentes en la sala, incluidos los miembros del Departamento y autoridades locales, mostraron su acuerdo respecto a la actuación "industrial" en el monte.

Todo ello en contra de la otra postura, la más moderada, incluida la mía, de un aprovechamiento progresivo y alterno, con procedimientos más suaves, sin maquinaria pesada y con corta selectiva de un número menor de ejemplares cada vez.

Finalmente, el encuentro se saldó en una súplica por parte de, digamos, los más conservacionistas, respecto al "indulto" de las hayas que viven en la parte superior de Krezmendi, que ocupan una superficie de unas 2 hectáreas, un porcentaje muy bajo del total, que es de 38,6. Y ni por esas, el presidente ya dejó bien claro que no estaba dispuesto a conceder el "indulto", a pesar de que se oyesen propuestas hasta de realizar una colecta para reponer económicamente al Concejo por el pequeño déficit que habría de suponer dejar en paz esas 2 hectáreas.

A mí todo ello me pareció preocupante, más sabiendo que de aquí a poco tiempo se planea realizar otra explotación en terrenos próximos, debajo del monte Arripuia, otro comunal situado en la *aldaya* sur de la sierra de Urbasa. Lo supe el mismo día, de boca del mismo alcalde.

También hice referencias al carácter supuestamente "arbitrario" o "irregular" de la marcación, y leí en público la siguiente ley foral que viene adjunta en uno de los documentos remitidos por el Departamento al Concejo de Artaza:

"En este sentido el artículo 79 del Decreto Foral 59/1992, de 17 de febrero, por el que se aprueba el Reglamento de montes en desarrollo de la Ley Foral 13/1990, de 31 de diciembre, de protección en desarrollo del patrimonio forestal de Navarra, establece que en todo caso, corresponde a la Administración Forestal el señalamiento del arbolado...".

No sólo a nadie pareció importarle lo más mínimo, sino que el Guarda Mayor me replicó que no quería entrar en ese tema. Un vecino me dijo: "¿también eres abogado?", mas no quise replicarle, a palabras necias oídos sordos. Le pregunté al Guarda si lo hacía así por no tener competencias, a lo que él dijo que sí que las tenía; pero que era cuestión de los tribunales de Justicia, y que si era mi deseo que allí denunciase el caso. En fin, en ese punto ninguno de los presentes abrió la boca, incluidos los contrarios a tala.

No obstante a ello, debo decir que el Guarda Mayor dejó bien claro que las marcaciones efectuadas en terrenos privados, en este caso el comunal de Artaza, pueden ser llevadas a cabo previamente por los gestores de los mismos. Por lo que no hubo manera de certificar ninguna irregularidad en este sentido, y así he de reconocerlo.

A partir de ahí todo fue de mal en peor, limitándose la cuestión al mencionado "indulto" de las hayas de la parte superior del monte Krezmendi.

No me di por vencido y aún quise preguntar sobre la relación existente entre los árboles marcados y el número total de los que existen en la actualidad por hectárea. El Guarda explicó que en el muestreo realizado en días anteriores, por causa de las protestas, se había encontrado una correspondencia de 3 o 4 por cada 10, o sea que la actuación forestal supondría eliminar entre un 30% y un 40% del bosque. En ese caso, tendría que haber en la actualidad unas 520 hayas por hectárea.

La relación facilitada por el Guarda resulta una cifra muy moderada, en contraposición a otras valoraciones anteriores de algunas personas contrarias a la actuación y con experiencia en trabajos forestales, quienes estimaron que se iba a talar el 70% del bosque.

Mi apreciación visual, después de visitar en numerosas ocasiones el entorno, es más cercana a la primera estimación, pero ello no quita que el monte vaya a sufrir daños considerables.

A pesar del cómputo optimista del Guarda, el muestreo realizado por el Departamento viene tarde, y mal. No hubo ningún vecino presente y se hizo en una superficie mínima que ni siquiera llega a una hectárea.

Además, sea el porcentaje que sea en relación con el total de la masa forestal, se van a cortar hayas de una belleza extraordinaria.

Están emplazadas en lugares de gran interés geomorfológico y biológico, sin que se pueda evitar daños colaterales que van a afectar a otras hayas, a individuos de especies vegetales y animales y posiblemente a las formaciones geológicas.

Lo mismo sucedió en cuanto a los datos generales de la masa forestal, tanto del Comunal de Artaza como de todo el hayedo del Monte de las Limitaciones de las Améscoas. El único argumento del Guarda consistió en decir que la masa forestal había aumentado en los últimos años, y que se talaba bastante menos de lo que el bosque produce o regenera.

Lo hizo sin ningún dato concreto, referencia o estudio que lo avalase. Aún añadió que si deseaba conocer las estadísticas, las demandase al Gobierno de Navarra.

Le rogué que me facilitase el acceso a ellas, del mismo modo que le pedí al vigilante del Monte de las Limitaciones de las Améscoas que hiciese lo mismo con respecto al volumen de metros cúbicos de haya extraídos en los últimos años en los varios miles de hectáreas que son propiedad del valle. Ambos se mostraron de acuerdo en facilitarme el acceso a los cómputos. Veremos en qué acaba la cosa.

Poco más tengo ya que escribir que no haya escrito, salvo que hoy me invade una tristeza profunda. Desde Legarobi (término toponímico de la *aldaya* oriental del sinclinal colgado de Urbasa), hasta Arripuia (cima situada sobre la *aldaya* suroriental), pasando por Krezmendi (vértice suroriental de la sierra de Urbasa), el bosque caducifolio, el hayedo, va a quedar irreconocible durante unos cuantos años, posiblemente como mínimo una década. Es el precio que tengo que pagar por vivir en las *Amezcoas*. El único consuelo que me queda es reseñarlo en este escrito.

Y me pregunto: ¿ha merecido la pena esta lucha, este sacrificio personal? ¿Habrá sido todo en vano? ¿No me valdría más haber callado, permaneciendo en el anonimato del silencio?

Hoy no puedo contestar a estas preguntas. Sólo puedo decir que me ha sido imposible, que el dolor que me produce ver esos deterioros en los montes es mayor que cualquier otra postura apática, resignada o indiferente.

Después, hace tres días, por la tarde, subí al monte Krezmendi, para ver aquello con más detalle antes de la intervención forestal. Al principio casi lo acepté por inevitable, me refiero al marcaje de las más de cinco mil hayas, pero cuando accedí al corazón del bosque, al lugar para mí más hermoso y sagrado, junto al arco de piedra y el bosque encantado, mi indignación subió de tono paulatinamente.

Debo insistir también en que circular con motocicletas de enduro fuera de las pistas está prohibido y castigado por la ley. Jamás he visto a un funcionario medioambiental o a un miembro de la policía que multe a alguno de los infractores, y eso que he pasado miles de horas en los montes. Yo conozco bien a algunos, personalmente. Les gusta dar saltos por los accidentes geográficos que forman las margas del periodo Cretácico de la era Secundaria, las cuales están repletas de restos paleontológicos. Pero ellos ni se enteran; les da igual. Cuando le informé de esto a uno de los que practican este "deporte", se quedó sorprendido. Yo les recrimino de forma suave, casi indulgente, quizá por causa de su juventud (tienen unos veinticinco años de edad), y por su simpatía. Cuando converso con ellos me doy cuenta que son personas normales, que no lo hacen con mala intención y que además disfrutan mucho. Pero no se muestran favorables a dejar esa práctica, sino todo lo contrario. Yo también he sido joven, aunque no andaba dando la tabarra en medio de la Naturaleza. Varios reconocen vulnerar la legalidad, pero alguno afirma que por nada del mundo dejará esta práctica. Los vengo observando por el monte haciendo de las suyas con las motos desde que eran unos críos. He hablado con ellos varias veces intentando disuadirles, pero no hay manera.

Para concluir el tema de la tala en el monte Krezmendi, al menos de momento, he de decir que los detractores hemos perdido la guerra, o al menos esta batalla.

El caso es que el Concejo ha emitido un comunicado público al respecto, indicando que una empresa forestal ya ha ofrecido 56.000 euros por el lote. Aún la subasta no está cerrada, por lo que el importe puede ser todavía mayor. Aun y todo me alegro, y así se lo he manifestado al alcalde, porque, ya que se va a talar, por lo menos que se obtengan los mayores beneficios por ello.

En lo que a mí respecta, debo reconocer varios errores personales de apreciación. El primero es que sí que el Concejo estaba autorizado a una marcación previa de las hayas, como fue el caso, siendo imprescindible después que fuese corroborada por los funcionarios del Departamento, tal y como ha sido. Por lo tanto, no hubo ninguna ilegalidad al respecto, y ni siquiera anomalía o irregularidad.

El segundo guarda relación con el porcentaje de árboles respecto del total de la masa forestal, que es más bajo que lo que en principio habíamos estimado los detractores, aunque este aspecto aún queda por aclararse del todo. Intentaré dejar este asunto zanjado.

Por último, el beneficio económico que se vaya a obtener por el lote puede ser repartido entre el presupuesto de cuatro años, en caso de que superase el 20% del presupuesto anual. Ha quedado también bien claro que el sistema ha sido de subasta pública abierta, y no por adjudicación directa.

Por tanto, entono el *mea culpa* en cuanto a estos errores, al menos en lo que a mí me concierne. No obstante, ello no mitiga mi dolor al ver que se va a actuar con maquinaria pesada en esos parajes, de modo que yo considero industrial. Soy partidario de un sistema más respetuoso, selectivo y artesanal, rotatorio, del que quizá además se obtendría más rendimiento.

Por ejemplo, venta de leña, a un precio justo, por parte del Concejo, con extracción de la madera con métodos menos agresivos, lo cual permitiría además la creación de puestos de trabajo.

Se realizaría con mayor conocimiento del ecosistema y de un modo bastante más reducido en cuanto al número de árboles cortados.

La tala se realizaría con motosierras, y el transporte desde el monte se llevaría a cabo con un simple tractor y un remolque.

El impacto sería mínimo.

Las infraestructuras de procesamiento de la madera requerirían unas instalaciones muy básicas: una o dos cubiertas de invernadero, una sierra eléctrica de corte, etc.

El mismo tractor podría estar equipado de mecanismo para rajar la leña, así como de cazo con el que cargarla a los camiones, a cuyos propietarios se les abonaría el porte.

Podría venderse la leña en bruto o troceada, dando a los vecinos prioridad a la hora de adquirirla, así como a menor precio.

De este modo también la obtención de certificados de sostenibilidad sería otro de los objetivos. Aun y todo el Departamento ha concedido al Concejo un certificado: sello PEFC 14-21-00014.

Así se lo expuse al alcalde punto por punto, pero no pareció mostrar mayor interés, argumentándome que el método propuesto le parecía más complicado.

En consecuencia, a falta de logros positivos, deseo que quede constancia de todo en este escrito, incluido mi desacuerdo con la actuación en el monte Krezmendi. Del mismo modo se lo he manifestado de nuevo a la máxima autoridad del Concejo, en persona, hace unos momentos. Mi intención es y ha sido siempre reflejar la verdad de los acontecimientos, y de este modo quiero reseñarlo, incluidos mis fallos de apreciación.

XVI

Conque borrón y cuenta nueva, capítulo nuevo. Cambio de tema, la vida continúa, imparable, sin agotarse jamás, al menos en lo que se refiere a su propia esencia, no a nuestra caducidad. Nacemos con fecha de caducidad. Parece que nunca tendrá final, pero no es así. Por eso todos los sabios y santos de todos los tiempos han dicho, y dicen: aprovecha tu tiempo, tu estancia en la Tierra, esta gran oportunidad que se te ha brindado. Y si es en comunión con la Naturaleza, mejor que mejor. Esto último lo digo yo, y lo practico.

Comienza el día a desperezarse. Las nubes cubren aún las cimas, del mismo modo que la bruma esconde el brillo del alma. Luz interior, magia divina que me brinda la ocasión de ser consciente de todos los procesos mentales, del milagro que ocurre dentro de mí. Sólo puedo hablar por mi boca, de la propia experiencia personal e intransferible. De este modo encuentro el sentido de existir entre tantas elucubraciones, complots del pensamiento, engaños emocionales, actividades humanas. Sale el sol, se descubre el misterio, el espejismo se evapora, la realidad se impone.

Las heridas se curan. Surgen otras. Prodigiosa capacidad de regeneración. Eterna fuente de nacimientos y muertes que escapan al entendimiento. Casi me arrepiento de no haberme echado al monte de par de mañana. Ya es tarde, y además no tengo ganas, me conformaré con hacerlo por la tarde. Sábados de tedio, engañosa sensación de soledad inexistente. Continuos contrasentidos, opuestas dualidades dentro de una unidad incontestable. Terapia de teclas de ordenador, palabras y frases que son orquestadas al compás de los biorritmos. Sensación de ser observado por una consciencia que todo lo penetra, por un Ser que transciende todo lo imaginable. Dentro de una desnudez sin pecado original, envuelto en un halo, en un hechizo del que puedo desprenderme con relativa facilidad, si me lo propongo con firmeza.

Abandono los registros transcendentales para adentrarme de nuevo en el tema del medioambiente. Supongo que es deformación profesional. Este libro, en principio pensé subtitularlo "mi vida en las *Amezcoas*"; sin embargo he decidido cambiar el registro por este otro: "un año en las *Amezcoas* y crónica de una tala". Podía haber puesto "crónica de una tala anunciada", pero la referencia a Gabriel García Márquez era demasiado evidente. No obstante, ¡yo qué sé cuantas veces se va a repetir la palabra "tala"!, muy a mi pesar. Casi tantas como "esta película" en las presentaciones de algún programa de cine de José Luis Garci, al que admiro y respeto. El caso es que, bromas aparte, después del segundo pleno extraordinario sobre la... Vaya, eso, lo de Krezmedi, el Guarda Mayor me comunica por teléfono que el ingeniero técnico forestal del Departamento desea hablar conmigo para enviarme algunos informes sobre los bosques de Améscoa. Suena la flauta. Me pongo en contacto con él y me manda por mail varios documentos que deberé analizar en profundidad para contar con datos fiables. También me explica que puedo acceder a un enlace donde aparecen fotografías aéreas de Urbasa. Puntualiza que hay algunas tomadas desde hace bastantes décadas, o sea que así podré comparar la evolución de la masa forestal, que según él ha ido en claro crecimiento. Por ello, me pongo a la labor enseguida, ya que deseo conocer a fondo las intervenciones de que han sido objeto los montes, con el fin de extraer conclusiones sobre su estado de salud actual y su futuro a medio y largo plazo.

El primer documento lleva por nombre:

"1ª Revisión de los Montes Comunales de Améscoa Alta, Améscoa Baja y Sierra de Santiago de Lokiz".

Su elaboración correspondió a Acer Agroforestal S L, y está fechado en diciembre de 2011.

Se basa en el "Proyecto de Ordenación" de los mismos Montes Comunales, del año 2000, que no llegó a aprobarse.

Es un informe de más de trescientas páginas, sólo en cuanto a lo que a Améscoa Baja se refiere. Parece un estudio riguroso, profundo, bastante completo. No sólo aborda aspectos referentes a los bosques, sino que incluye otros temas. Estos abarcan tanto Geografía humana (aprovechamientos derivados de la selvicultura, agricultura, ganadería, caza y otras actividades), como Geografía física (morfología, climatología, hidrología, etc.), Biología (zoología y botánica), o Geología (geomorfología, historia geológica, estructura mineral del suelo, etc.).

Deberé analizarlo muy a fondo antes de extraer las debidas conclusiones, pero aun y todo es un documento que está o puede estar ya un tanto desfasado, tenida cuenta de que han transcurrido catorce años desde su elaboración, periodo en el cual las repercusiones negativas del cambio climático se han ido acentuando. Además, los Planes de Ordenación (y las revisiones de los mismos) suelen tener una validez, una vigencia, de quince años, por lo que está a punto de caducar. En la última década ha habido unas cuantas olas de calor veraniegas, que posiblemente habrán afectado sobre todo al hayedo. De hecho, los últimos anillos de crecimiento de hayas cortadas en el comunal de Amescoa Baja, junto a la entrada de la reserva natural del Nacedero del Urederra, son más finos que los de los años precedentes, lo que puede indicar un crecimiento anual más limitado. Aun y todo, aunque haya habido varios episodios de estrés hídrico, y las precipitaciones sean menos cuantiosas que la media histórica (salvo este último periodo otoño-invierno-primavera), los bosques de Urbasa y de Lokiz han recibido la suficiente cantidad de agua como para mantenerse más o menos lozanos. A pesar de ello, habrá que ver en el futuro cómo les van afectando tanto el exceso de calor como el menor régimen de lluvias. De hecho, en algunas vaguadas de la cara norte de Lokiz, en concreto sobre el pueblo de Baríndano, hay zonas donde hay gran cantidad de hayas muertas. También hay numerosas encinas y robles atacados por enfermedades que pueden tener que ver con la plaga ibérica de la "seca".

Por otro lado, desearía también contar con datos informativos respecto del Monte de las Limitaciones de las Améscoas. Me refiero sobre todo a la extracción anual de madera de haya, o sea las intervenciones forestales que se están realizando, principalmente en la última década; pero también de las anteriores, para poder realizar el estudio comparativo. Intentaré recopilar la documentación necesaria antes de la conclusión de esta crónica.

Bien, hecho este inciso, en el Plan de Ordenación de 2011 se puede observar que las talas anteriores en los montes comunales del pueblo de Artaza han sido muy moderadas, al contrario de lo que afirmaron algunos vecinos en los dos plenos extraordinarios. Allí se aseguró que en el pasado se habían realizado acciones similares, que se podían comparar en intensidad a la de las 5.091 hayas que se van a cortar enseguida en los términos de Krezmendi, Burgaloki, Basarte y alrededores.

Pues bien, examinado el cómputo figuran los siguientes datos (son un resumen de todos los que aparecen):

Entre los años 1981-1999 se talaron unos 1.091 metros cúbicos (m^3) de haya, *Fagus sylvatica*.

En conjunto con otras especies de roble, como el *Quercus rotundifolia*, da un total para este periodo de 1.214 m^3, incluidos los destinados a leña.

Entre los años 2000-2009 se talaron 386 m^3 de haya y 57 m^3 sin especificar, para venta; y otros 444 m^3 para leña, también sin especificar.

Por tanto, con todos los datos disponibles en el Plan de Ordenación, resulta que desde el año 1981 hasta el 2009, en 28 años, en los montes comunales de Artaza se cortaron y extrajeron solamente unos 2.102 m^3 de madera, la mayoría de haya. En ellos están incluidos los que fueron destinados para leñas de los hogares.

Fueron bastante menos de lo que se va a talar de una vez en el año 2025, que suman un total de 3.220,83 m^3, y que están destinados exclusivamente a la venta.

O sea, que de una sola vez se va a extraer una cantidad bastante mayor que todo lo que se extrajo en un periodo de 28 años (al menos de lo que hay constancia). Si a esta cantidad se descuenta la leña destinada a los hogares, la tala de Krezmendi supone el doble o más.

Por año, de media, se extrajeron unos 75 m^3 (leña incluida), en contraposición con los 3.220 m^3 que se van a extraer de una vez en la actualidad con fines exclusivamente económicos.

Aún hay que tener en cuenta que está prevista otra intervención en la *aldaya* comunal de Artaza, al pie del monte Arripuia, de parecida envergadura a la de Krezmendi y alrededores.

En cuanto al número de árboles, en todo el periodo mencionado se cortaron unos 2.775 árboles: 1.755 entre los años 1981-1999, y 1.020 entre los años 2000-2011.

La mayoría fueron hayas, lo cual da una media de unos 100 árboles por año, incluidos los destinados para leña.

En la actualidad se van a talar 5.091 hayas de una sola vez, en el año 2025, excluyendo los marcados para leña de los vecinos, que este año serán encinas y algunas hayas.

Que cada cual saque sus conclusiones, pero desde luego no es comparable ninguna actuación en el pasado, ni siquiera en conjunto, con la actual. Por lo que las afirmaciones que se escucharon en los plenos extraordinarios, en cuanto a que siempre se ha actuado del mismo modo, con la misma intensidad, y el monte se ha regenerado sin problemas, son totalmente infundadas, como queda en evidencia después de consultar los datos disponibles. Éstos están avalados por el Departamento de Desarrollo Rural y Medio Ambiente del Gobierno de Navarra.

Respecto a las estadísticas sobre la masa forestal de Urbasa (menciono Urbasa en conjunto, desde el punto de vista geomorfológico, incluyendo Enzía, Monte de las Limitaciones, Krezmendi, Dulanz y *aldayas* o laderas), he de decir que me ha sorprendido que no estén disponibles o no existan. Con los medios que hoy en día se cuenta: fotografías aéreas por satélite, drones, cámaras térmicas, programas informáticos que evalúan la densidad del bosque, que contabilizan los ejemplares secos o enfermos, inteligencia artificial, etc.; se podrían tener datos globales más científicos desde el punto de vista actual del escenario de cambio climático. Deberían estos estudios actualizados incluir también las referencias anuales, pormenorizadas por meses, de las temperaturas y del régimen de precipitaciones. Esta información permitiría elaborar los pertinentes climodiagramas, que son los gráficos que definen los diferentes tipos de climas, y en los que se observa su evolución. Estos, en comparación con otros estudios, como el de los anillos de crecimiento de los árboles (incluido en la ciencia que se conoce como dendrología), permitirían profundizar en el conocimiento real y actualizado de nuestros bosques.

Por todo ello, creo que se deberían realizar este tipo de investigaciones, si se desea preservar el bosque autóctono. Aunque se afirme que la masa forestal ha crecido, valoración que seguramente sea acertada —no la cuestiono, por falta de estadísticas—; no obstante faltan pruebas tangibles, evidencias comprobadas, referencias sobre la evolución en un periodo amplio de tiempo, al menos de varias décadas.

Lo mismo sucede en cuanto al estado de salud de los bosques, plagas, enfermedades, y las especies vegetales y animales que los habitan y su interacción con el ecosistema. Aunque los Planes de Ordenación de 2000 y 2011 parecen bastante completos al respecto, insisto en que deberían estar actualizados, máxime cuando se va a realizar intervención de gran envergadura en el Comunal de Artaza, que en comparación con las efectuadas en el pasado sí puede ser calificada de "tala masiva". Creo que la prudencia y el sentido común inducen a ello.

De momento estas son las reflexiones que me ha sugerido el análisis de los informes enviados por el Departamento de Desarrollo Rural y Medio Ambiente, al cual le estoy agradecido por las facilidades que me ha brindado a través del ingeniero técnico forestal. Esta persona se está mostrando abierta al conocimiento público de las actuaciones pasadas y presentes en la sierra de Urbasa, todo hay que decirlo, y dispuesto a enviarme más datos sobre las actividades en el Monte de las Limitaciones de las Améscoas. A pesar de ello, defiende con convicción esta intervención "masiva". Él, como el resto del equipo, está convencido de que se actúa del modo correcto.

Me ha informado también, en la última conversación telefónica mantenida hace un momento, que en el Comunal de Artaza no ha habido otras actuaciones destacables entre los años 2009-2025, salvo el aprovechamiento para leñas de los hogares. Esta información completa a las anteriores. En resumen, durante todo este último periodo no ha habido actividad comercial en cuanto a la selvicultura se refiere.

Al respecto, cabe por tanto afirmar que los datos anteriores relativos a las extracciones de madera en el Comunal de Artaza deben extenderse hasta el año 2025. O sea, que en vez de contabilizar el periodo que media entre 1981-2009, la estadística debe referirse al intervalo temporal 1981-2025.

En consecuencia, los 2.102 m^3 de madera extraídos, deberían dividirse, para hallar la media anual, no entre 28 años, sino entre 44.

De este modo, se puede concluir mediante una simple división, que cada año, de media, se habrían extraído poco menos de 48 m^3.

Es un porcentaje muy bajo en comparación con los 3.220 m^3 de la última actuación prevista en 2025.

En cuanto al número de árboles, en todo el periodo se habrían cortado unos 63 por año, quitando los que fueron para aprovechamiento de leñas de hogares entre los años 2009-2025.

Los datos de los metros cúbicos de la leña destinada a los hogares no suponen nunca una referencia destacable. Es así tanto por su número reducido como por su finalidad no lucrativa y sus procedimientos más suaves y cuidadosos de extracción. Interesa, sobre todo contabilizar las explotaciones, digamos industriales, destinadas a la exclusiva obtención de beneficios económicos y por procedimientos más agresivos.

Ahora debo comentar el comunicado que emitió el Concejo de Artaza.

En él aparecen los principales argumentos del Guarda Mayor del parque natural de Urbasa-Andía en defensa de la actuación forestal en el Comunal de Artaza.

Las defendió en comparecencia pública, el 3 de mayo de 2025.

En ese pleno extraordinario, el Guarda afirmó que la tala de Krezmendi supondría la eliminación del 30% o del 40% del hayedo, según el sondeo realizado por los funcionarios.

O sea, 3 o 4 hayas de cada 10, lo cual es una cifra importante.

El responsable del parque también aseguró, como también aparece en el comunicado, que hace años se hubo realizado otra intervención en lo alto de Krezmendi, en el conocido como "bosque encantado". Pues bien, después de examinados todos los datos disponibles enviados por el ingeniero técnico forestal del Departamento, debo decir:

No hay ninguna referencia, ninguna constancia, que avale esta afirmación, y ni siquiera que mencione el término Krezmendi.

Casi todas las actuaciones se realizaron en Basarte, fueron muy moderadas, y la mayoría estuvieron destinadas a la obtención de leña.

Valgan los siguientes datos del Plan de Ordenación de 2011, que son todos los disponibles:

Año 1987, se extrajeron 124 m^3 en el término de Basarte.

Año 1989, se extrajeron 190 m^3 en Basarte.

Año 1992, en el término de Seislieco, en la *aldaya*, se extrajeron 237 m^3, la actuación fue calificada en el informe de "entresaca suave".

Año 1994, en la *aldaya* (sin especificar), se extrajeron 219 m^3, actuación calificada como "entresaca muy leve".

Año 1996, se realiza una "clara suave" (sin especificar el emplazamiento), que supuso la extracción de unos 70 m^3.

Años 2000-2001, en el término de Basarte se extraen 230 tm de leña (equivalen a 230 m^3).

Año 2006, en Basarte, se extraen 57 m^3.

Año 2007, se extraen 48 m^3 (sin especificar el emplazamiento).

Por tanto, la afirmación de que hace décadas se realizó una tala de importancia en el "bosque encantado" del monte Krezmendi, o sus alrededores, es tan infundada como errónea, al menos desde que hay referencias escritas y avaladas.

Y antes parece también más improbable, ya que no existía la maquinaria pesada que hay ahora.

Lo mismo sucede en cuanto a algunas opiniones de los vecinos, que aseguraban y aseguran que en el pasado se había actuado del mismo modo que ahora se pretende.

Aún queda por aclarar si el Gobierno de Navarra, a través del Departamento de Desarrollo Rural y Medio Ambiente, "obliga" al Concejo de Artaza a realizar intervenciones masivas como la prevista en 2025. Así se afirma en el comunicado. Lo pongo en duda, pero deberé corroborarlo, como he hecho con las demás afirmaciones.

En cuanto a que el bosque de Krezmendi y alrededores absorberá en el futuro mayor cantidad de CO2, después de cortar un tercio o más del hayedo, me gustaría creerlo, y creo que para afirmar esta "hipótesis" tendría que ir avalada de mediciones actualizadas, y no de simples fórmulas matemáticas globales. Se sabe que cuanto más amplia es la copa del haya, mayor capacidad de fotosíntesis posee. No obstante, tenida cuenta el escenario de cambio climático que se ha acentuado en los últimos años, y cuya progresión es cada vez más acelerada, no sabemos cómo se va a comportar el hayedo en las décadas venideras. O sea, si los árboles en edad adulta van a desarrollar amplias copas, y si los que queden tendrán un crecimiento normal o se secarán algunos al abrir claros excesivos.

Un bosque sano, con una densidad de masa forestal correcta, en biodiversidad a ser posible con otras especies, pero de forma natural, es lo más recomendable. En el caso de las hayas tiene que haber árboles maduros, jóvenes y retoños en convivencia armónica, ya que interactúan, se ayudan y apoyan entre ellos a través de las raíces. Es tan importante este aspecto, o quizá más, que perseguir el objetivo del desarrollo total de los individuos, digamos de forma aislada, sin atender al conjunto.

Concretamente, en el comunal de Artaza donde se va a actuar, Krezmendi, Basarte y alrededores, la proporción sería la siguiente:

Se van a cortar 5.091 árboles, aproximadamente en una superficie de algo menos de 40 hectáreas, como cada hectárea tiene 10.000 m^2, da una media de unas 125 hayas eliminadas por hectárea.

Si según las apreciaciones del Guarda Mayor de Urbasa-Andía se va a talar entre el 30% y el 40% del hayedo, cada hectárea en la actualidad tendría entre 375 y 400 individuos, que disponen cada uno, de media, de unos 25 metros cuadrados para su evolución.

Quizá esta superficie sea insuficiente para los ejemplares más maduros, pero no para los jóvenes que presentan síntomas de vigor y salud, que son la inmensa mayoría.

Cuando se concluya la explotación forestal, quedarán unos 250 ejemplares por hectárea, que dispondrán de 40 metros cuadrados para cada individuo, espacio adecuado para hayas en madurez o incluso en máximo desarrollo, pero muy peligroso para los individuos más jóvenes y en crecimiento.

Es muy posible que se vean perjudicados por excesiva insolación, falta de humedad en los suelos, escorrentías que produzcan lixiviación (el arrastre de los nutrientes que empobrece el sustrato donde se asientan) y exposición a los vientos fuertes. Estos últimos factores se están viendo incrementados por las consecuencias del cambio climático.

Por tanto, según mi criterio parecería mucho más correcto limitarse a las "diezmas": cortar un individuo de cada diez.

Hay que distinguir esta práctica de las "limpias": la erradicación de retoños donde su presencia es excesiva, así como de arbustos.

Se haría de forma rotatoria y periódica, cada cinco o diez años, cuando se considerase oportuno, en las superficies donde se asientan.

En consecuencia, serían intervenciones blandas, suaves, repetitivas, pero de moderada asiduidad, y mediante procedimientos de extracción no agresivos.

De este modo, se cortarían solamente de una vez 37 a 40 ejemplares por hectárea, y no 125, quedando un total de unos 350 por hectárea, que dispondrían de unos 25 o 30 metros cuadrados cada uno.

Si la tala es aún más selectiva, dejando ejemplares de todas las edades, y distribuyendo la superficie disponible según su desarrollo, creo que a la larga se lograrían mejores resultados.

Sería así tanto para el bosque como para una gestión encaminada al aprovechamiento económico, de la que se podría obtener mayor rendimiento.

Por ejemplo, ya he citado la venta de leña por parte del Concejo, bien online o por otros métodos. Su precio ha ido en auge, porque hay demanda, al contrario de lo que sucede con la madera en bruto. En la actualidad 1.000 kilogramos de leña, al por menor, se venden a una media de 170 euros. Se podrían crear varios puestos de trabajo, alguno fijo y otros eventuales, extrayéndola del bosque con un simple tractor y un remolque. Las infraestructuras para el procesamiento y almacenamiento serían mínimas, como podrán recordar, y requerirían una inversión baja o muy baja. Como mucho un par de carpas tipo invernadero y una sierra eléctrica como las que ha habido siempre en carpinterías y aserraderos manuales. Un mismo tractor puede realizar también labores de carga y de ayuda a la hora de rajar la leña. Como mucho se podría contar con una máquina skidder para acceder a los lugares menos accesibles, sin falta de adquirirla. Se podría alquilar ocasionalmente de forma que se obtenga su mayor rendimiento, y por supuesto respetando siempre no atravesar cursos de agua o parajes que puedan ser perjudicados y de mayor valor ecológico. Estas máquinas impactan bastante en los suelos, ya que ejercen mucha presión y dejan huellas muy marcadas.

La leña se podría vender al por mayor, a precio algo más reducido, o al por menor. Los vecinos serían los primeros en tener derecho a ella, a un precio más bajo, bien en bruto o troceada. Los lotes gratuitos de las suertes se mantendrían como siempre. El transporte a su destino podría cubrirse con personas y vehículos autorizados que cobrasen al Concejo el porte correspondiente convenido. Los operarios contarían con la preparación para realizar estas tareas y se tendrían que respetar las leyes y procedimientos sobre los riesgos laborales. Mi cálculo final es que a cada tonelada de leña (o metro cúbico de madera) se le podrían rentabilizar entre un mínimo de 50 euros y un máximo de 100, mediante una gestión adecuada, después de descontados todos los gastos.

Otra iniciativa interesante sería montar una escuela taller de carpintería y de artesanía, después de recibir los cursos adecuados, para la fabricación de muebles y otros objetos decorativos. Yo mismo realicé un curso en mis años jóvenes, impartido por un profesional contratado por el INEM. Estos cursos de formación eran gratuitos, y me imagino que lo seguirán siendo.

El hayedo, como ya se ha indicado, es muy propenso a sufrir las temperaturas elevadas y las olas de calor, sobre todo entre los meses de junio y octubre, así como la escasez de precipitaciones. Estos factores condicionantes, sumados a la disminución de un tercio o más de la masa forestal en los términos destinados a la actuación, de repente, podrían acarrear en las próximas décadas la pérdida de humedad y mayor sequedad del suelo, aparte de otras posibles consecuencias negativas difíciles de predecir.

Sin embargo, eso no quiere decir que no se pueda o se deba actuar en este tipo de bosques, como ya se ha expuesto, pero de esta forma más moderada y selectiva. Se pueden cortar algunos individuos que presenten problemas de salud o falta de vigor, pero sin aclarar en exceso, ni de forma traumática. En mi opinión, repito, nunca se debería talar más del 10% de la masa forestal, o sea, como mucho una "diezma", que ya de por sí es más que suficiente si es periódica.

La finalidad es que los pies no sufran excesiva insolación, no prosperen demasiados arbustos, ni la capa fértil del suelo (regolito) quede empobrecida o aniquilada, como sucede con las actuaciones masivas e industriales, aparte de los daños que sufren otras especies por caída de los árboles cortados o por el tránsito y arrastre de la maquinaria.

En el bosque caducifolio atlántico es muy importante la presencia de especies vegetales como musgos, hongos y líquenes, así como la de microorganismos bacterianos que realizan funciones muy importantes de descomposición, entre otras. Estos seres, en equilibrio, colaboran a preservar el bosque autóctono, y, aparte de dar sustento a aves, reptiles, batracios, mamíferos, etcétera, mantienen a numerosos insectos necesarios que no sólo se apoyan en la masa forestal que se deposita en el suelo. Cualquier alteración puede suponer una ruptura del equilibrio que se ha mantenido durante milenios. En suma, más que fortalecerlo, cabe el riesgo de que la tala masiva suponga hacer peligrar el ecosistema. Este hecho se agrava sin un estudio previo en profundidad del estado real y actualizado del bosque y su relación con los cambios meteorológicos.

En el comunicado también figura que las protestas se han organizado en torno al colectivo Krezmendi, y que no es casualidad que este nombre coincida con la candidatura presentada a las elecciones anteriores del Concejo. Al respecto debo decir que yo no he pertenecido ni pertenezco a dicho colectivo, y que incluso dudo de su existencia. Se habló de ello, de conformarlo, pero nada más, la iniciativa no siguió adelante. Solamente me consta que uno de los escritos que se realizaron, por parte de alguno o algunos de los detractores, venía firmado así: Krezmendi Amnistía.

Por otro lado, el título de este libro nada tiene que ver ni con la candidatura ni con el supuesto colectivo que no existe. La decisión de ponerle este nombre fue anterior al mencionado escrito, en concreto lo decidí nada más llegar a vivir a Artaza, a finales de junio de 2024, antes de siquiera saber que se iba a realizar la intervención forestal. Lo hice así por el amor que desde muy joven profeso a ese monte y a sus alrededores. De hecho, de todos los montes que he visitado: Mont Blanc, Toubkal, Aneto, Mulhacén, Balaitús..., podría decir que es mi favorito, a pesar de su modesta altitud. En cuanto a que hubo una candidatura con ese nombre, me he enterado hoy al leer el comunicado del Concejo. Quede todo ello bien claro.

También quiero comentar algo sobre la crítica que hace el comunicado en relación con los adjetivos empleados por los detractores en las protestas. Se refieren a calificativos como tala "desmesurada", "salvaje", "masiva", etc. Pienso que existe la libertad de expresión, mientras que no se falte el respeto a las personas. Son cuestiones subjetivas, de valoración de unos hechos concretos. Me explico, por ejemplo, cualquier persona que contemple los destrozos que se producen en los montes debidos a la selvicultura industrial, calificada de aprovechamiento y no de explotación, puede denominarla de ese modo, pues el sentido común induce a ello. Yo mismo podría tacharla de salvaje, desmesurada, agresiva o brutal; pero he preferido no hacerlo así en este libro, moderándome en lo posible en cuanto a los calificativos, por no herir las sensibilidades de los partidarios a esas intervenciones, a quienes también respeto.

No obstante, en mi fuero interno así las considero, por mi experiencia en la observación de los paisajes naturales después de que las actividades humanas económicas los dejen deteriorados o en ocasiones cercanos a la devastación. No es en el caso todavía de la tala que se va a realizar en el Comunal de Artaza, ya que aún no se ha realizado; pero su envergadura da mucho que pensar y que temer, ya que de una sola vez se va a cortar casi el doble de lo que se ha hecho en más de cuatro décadas. Además, la acusada inclinación del terreno y sus características geomorfológicas agravan con creces el problema, por lo que bien se podría calificar de "salvajada desmedida".

Otro de los argumentos esgrimidos es que el bosque se encuentra hoy así, en buen estado de salud y frondosidad, gracias a las intervenciones del pasado. Pues bien, este argumento da la razón a las posturas más moderadas, ya que, como se puede observar, en las cuatro últimas décadas las actuaciones han sido calificadas en el propio Plan de Ordenación, facilitado por el Gobierno de Navarra, de "suaves" o "blandas". Por el contrario, no han existido tal y como en la actualidad se pretende, al contrario de lo que defiende la parte más proclive a este tipo de actividades.

Aparece también en el comunicado del Concejo que: "el hayedo se come todo", en referencia a que no deja el crecimiento de otras especies vegetales.

Si bien el hayedo es un bosque que tiende a dominar el paisaje, por su carácter social entre los individuos que lo conforman, y que interactúan por medio de las raíces, se adapta a unas condiciones edáficas (del suelo) concretas. Normalmente lo hace en sustratos calizos, acidificados o no, con una orientación, de común a barlovento.

Esto último se explica porque el hayedo, sobre todo, se ve favorecido por el efecto Föhen. Es un fenómeno por el cual las masas de aire se enfrían, al ascender las laderas de los sistemas montañosos obligadas por los vientos dominantes, condensándose la humedad que portan. De este modo se producen las precipitaciones, bien en forma de lluvias de mayor o menor intensidad, o de nieblas, lo que se conoce como lluvias horizontales. Sin embargo, en sotavento se produce lo contrario, las masas de aire descienden desecadas y se calientan debido a la disminución de altitud, condiciones más propicias para robles y encinas.

Las hayas, como las demás especies vegetales, prosperan dentro de un rango de altitud determinado, y con unas temperaturas y precipitaciones que le son propicias.

Ello no quita que convivan con otras muchas especies en zonas donde estas pueden adaptarse, tal es el caso de robles, fresnos, arces, tilos, espinos, serbales, acebos, avellanos, etc., e incluso encinas, y por supuesto numerosos arbustos. Esto ocurre por ejemplo en las *aldayas* de la sierra de Urbasa.

Es un fenómeno natural muy significativo, e incluso extraordinario, en la vertiente norte de Lokiz, que está definido por la orografía y otros factores. Allí la convivencia con la encina (*Quercus ilex*) es asombrosa, encontrándose hayas a menor altitud, o sea una inversión en los pisos o niveles que ocupa cada especie. Es debido a la orientación de los recovecos y terrazas que ha creado en el pasado el curso del río Uiarra, tallando los diferentes niveles de los sedimentos marinos. También a las vaguadas que provienen de los montes más altos del sistema, formadas por escorrentía de los arroyos. Todo ello proviene de la propia configuración geomorfológica del sinclinal de Lokiz, de la divisoria que crea el río entre las dos sierras, y de su erosión diferenciada posterior.

La Naturaleza es la que determina estas ubicaciones e interacciones, a través de los factores geomorfológicos, edáficos, de altitud y climatológicos.

Por tanto, el haya no es una especie invasora, menos aún si entendemos este término como replantada artificialmente o traída de fuera de su entorno actual. Que quede bien claro. Pertenece al bosque autóctono templado y húmedo, aunque sea alterado por el ser humano. Es uno de los ecosistemas característicos del litoral europeo, que se extiende desde el mar Cantábrico a prácticamente Escandinavia. O incluso más allá, hasta la región eurosiberiana, latitudes donde comienza la taiga o bosque de coníferas.

Tampoco el haya es una especie vegetal dominadora del medio físico, solamente lo hace en unas condiciones determinadas, como ya se ha expuesto, en competencia con otras que no son tan proclives a los mismos condicionantes físicos.

Afirmar que "se come todo" es una consideración nacida del desconocimiento, una creencia errónea quizá heredada de otras generaciones, que equivale a comparar una especie vegetal autóctona con un enemigo.

En resumen, pretender que un bosque sea lo que no es, ni ha sido, a mi entender supone un gravísimo error.

Debemos dejar que la Naturaleza actúe mediante las leyes de la evolución, la competencia y la adaptabilidad al medio, por encima de los intereses económicos.

Más aún si se tienen en cuenta los beneficios del bosque caducifolio como regulador térmico, dispensador de recursos hídricos, amparo y sustento de numerosa flora y fauna, y como no, productor de oxígeno y purificador de la atmósfera.

Todo ello también por más que se quiera exponer y convencer de que el hayedo es pobre en cuanto a diversidad. Este fue otro de los argumentos del Guarda Mayor. A pesar de su tendencia a formar bosques mono específicos, cada ecosistema es lo que es, y aporta lo que aporta. Comparar unos con otros es como afirmar que hay especies animales o vegetales mejores que otras.

Todos los hábitats y todas las especies son tan necesarios, a pesar de que los seres humanos nos afanemos en alterar con fines comerciales lo que ha existido desde hace milenios.

Además, si tenemos en cuenta el conjunto de seres vegetales y animales que alberga, incluidos los microorganismos, amén de todos los beneficios mencionados, se puede afirmar sin error que el hayedo, y en conjunto el bosque húmedo caducifolio atlántico, es uno de los ecosistemas imprescindibles para el equilibrio del planeta Tierra. El mismo equilibrio que hoy en día está tan amenazado, quizá de forma irreversible, quizá no.

Es tan importante como el bosque tropical, la taiga o el bosque de ribera, por citar algunos ejemplos.

En todo caso de nosotros también depende preservarlo para las generaciones futuras, en la medida de lo posible, al menos no infringiéndole agresiones que puedan dañarlo; sino con acciones prudentes y moderadas que resulten en beneficio del conjunto del planeta y de la humanidad.

Una referencia importante y actual sobre el conocimiento de los bosques caducifolios es Peter Wohlleben, quien ha escrito varios libros sobre el tema y la conservación del medio ambiente. Cabe citar *La vida secreta de los árboles* y *La profunda respiración de los árboles*. Sus ideas y prácticas están en las antípodas de la selvicultura de explotación o industrial.

Debo reconocer que no soy ingeniero forestal, ni biólogo. Me baso en que estudié Geografía e Historia, y sobre todo en mi constante presencia en el entorno natural. Tan sólo he querido exponer mi visión sobre el asunto. Mi deseo es mostrar otra posibilidad, otra línea de actuación respecto a los aprovechamientos de los recursos de nuestros montes, aunque lo ideal es que se dejase en paz al bosque durante todo el siglo XXI, que se le diese una moratoria, salvo la extracción de leña para los hogares. Seguramente nadie me tendrá en cuenta, al menos lo suficiente como para que algo cambie al respecto. Las personas que vivan de la explotación forestal se echarán las manos a la cabeza al leer esto, pensando que estoy loco o que soy una amenaza para ellos. Otros puede que opinen que soy un visionario, un iluminado sabelotodo. Y unos terceros puede que ni siquiera me hagan ni caso, ni me escuchen o menos aún que lean este libro. Pero con tal de que mi mensaje le llegue a una sola persona me doy por satisfecho. Espero no crearme enemistades, al menos no es mi intención y por ello intento emplear el tono más respetuoso.

De este modo además, con esta actividad, aprendo, profundizo en el conocimiento de la Naturaleza, y ordeno mis ideas, gestionándolas con una mayor objetividad, más allá de percepciones subjetivas o de habladurías.

Yo sé que a quienes promueven las actuaciones forestales, en general, por lo que he contemplado, repito, les mueven las mejores intenciones. Quizá no a todos, pero sí a las personas que concierne este caso concreto. He dialogado con ellas y algo dentro de mí me induce a manifestar todo lo que he escrito. Aun y todo, les concedo el beneficio de la duda. Soy como soy, y cuando eso habla desde dentro, por algo será. Así que me perdonen quienes piensen que voy en contra de ellos, quienes se sientan amenazados por mis ideas.

Pero hay zonas en los montes comunales de Artaza, y en otras partes de las sierras de Urbasa y de Lokiz, que es posible que necesitasen una intervención humana, ya que están bastante o muy cerradas por la presencia de arbustos y con un número excesivo de arbolitos, de jóvenes retoños. Uno de los motivos es que antes había mayor presencia de ganado en los montes.

A pesar de que reconozca esto último, tampoco suelo estar muy conforme con el modo de actuar respecto a las "limpias" o clareos que se suelen llevar a cabo. Es así por varios motivos que voy a exponer a continuación, y no por llevar la contraria.

Sé que se adoptan criterios, digamos, racionales, ya que en mayor o menor medida también estas intervenciones, como las demás de la selvicultura, están dirigidas por personal técnico; pero siempre van encaminadas al beneficio económico, o al menos esa es la prioridad.

En muchas ocasiones se cortan demasiados ejemplares adultos desaprovechados que quedan sobre el suelo, a veces, no pocas, obstruyendo senderos y caminos y causando bastante impacto estético.

Otros muchos jóvenes retoños, a veces apiñados, se dejan in situ, sin cortar, lo cual crea a mi modo de ver un conjunto desarmónico.

A todo ello hay que sumar la distribución de las superficies destinadas al crecimiento de los que quedan, que a menudo es también irregular, con zonas de excesivos claros y otras demasiado pobladas.

Y por si fuera poco, se deposita demasiada materia vegetal, incluidos troncos y ramas que algunos podrían ser aprovechados para leña de los vecinos.

Por último, mi más enérgica repulsa ante la técnica del "anillamiento", que por desgracia es legal y suele ser más frecuente de lo deseado.

Da muchísima lástima ver hayas magníficas que han sido anilladas y han muerto sin ningún sentido, y encima sin haber sido aprovechada su madera.

Y otras lo han soportado, aun habiendo recibido un castigo cruel e inmerecido. Deberían avergonzarse las personas que han ejecutado y ejecutan estas prácticas, al menos yo lo haría.

XVII

El tiempo ha cambiado de forma radical. De un calor casi insoportable para finales de mayo y principios de junio, hemos pasado a un episodio de tormentas y lluvias, con un bajón notable de las temperaturas. El día está muy oscuro y húmedo, viscoso, y no invita nada a salir de casa ni permite realizar ninguna tarea que no sea teclear en el ordenador o emplearse a las faenas del hogar. Me he levantado un poco más tarde de lo habitual, eran poco más de las siete y media de la mañana. Además estaba cansado, porque ayer marché a por un poco de leña, ya que voy almacenando poco a poco para la campaña siguiente. Aunque aquí no se sabe si habrá que encender la cocinilla incluso en pleno verano, de forma aislada me refiero. Tengo el todoterreno cargado y no puedo vaciarlo. Paciencia.

Ayer estuve en las Limitaciones orientales y vi numerosos troncos verdes de haya apilados al lado de la pista, la mayoría de buen diámetro. Están junto al corral de la Simona, un poco antes del raso de Igarate, donde también los hay, en la misma zona por donde en los últimos años le están dando buena cuenta a las talas. También, como no podía ser de otro modo, contemplé los destrozos habituales en el suelo y en las pistas secundarias que se adentran en el territorio de Urbasa perteneciente al valle de Améscoa. Una imagen bastante desagradable. O sea, que todo sigue igual, y seguirá. Es casi imposible evaluar cuántos metros cúbicos de madera se extraen de allí, porque vayas por donde vayas, ya sea por la carretera de La Aguarana o desde el balcón de

Pilatos, el panorama es casi siempre el mismo, por no decir igual. Pero en fin, es lo que hay, me guste o no me guste.

No coincide mi percepción con el argumento que escuché de boca de un técnico forestal: "En Las Limitaciones apenas se cortan árboles y hay que animar a la junta *Aristubelza* para que marque hayas, porque si no piden de continuo subvenciones económicas." A mí me parece justo lo contrario, que no paran de cortar y de cortar ejemplares de gran porte sin solución de continuidad. Calculo que al año se deben de extraer varias decenas de miles de metros cúbicos, pero no puedo asegurarlo por falta de datos. Hay otras zonas que están plagadas de arbolitos y el bosque está bastante cerrado. Ello crea una sensación de irregularidad muy patente, una discontinuidad que salta a la vista. Por si fuera poco, me da que se están cargando todas las hayas centenarias. El conjunto adolece, pues, según mi criterio, de falta de armonía, que junto con los deterioros que se producen fruto de las actividades humanas, afectan a la imagen que transmite casi toda la parte sur de la sierra, la que pertenece al valle. También hay bastantes ejemplares secos, sobre todo junto a la peñera próxima al Balcón de Pilatos. Las causas parecen ser el excesivo calor, la sequedad estival consiguiente y la intensidad del viento que azota la zona, pero no hay que descartar otros factores como las enfermedades producto de las plagas.

El lado bueno es que estas lluvias de comienzo de junio le caen muy bien al bosque. Hay que tener en cuenta que ya se han vivido unas jornadas de temperaturas muy altas, repentinas, y que aún quedan los meses de más escasas precipitaciones. Por lo que esta humedad le viene de perlas para lo que pueda suceder en todo el verano, que se puede presentar de cualquier modo, dada la variabilidad climatológica. En fin, que desde un punto de vista más prosaico, creo que lo mejor será regalarme con un buen almuerzo, y luego ya veremos.

Va avanzando la primavera. Ya estamos a las puertas del solsticio de verano. Pronto se cumplirá un año desde que vine aquí. El sol se asoma tímidamente cuando son poco más de las ocho de la mañana. Un nuevo sábado. Lo vuelvo a tomar con calma y me dedico a este escrito. He catalogado algún que otro árbol más, como el mostajo, del cual desconocía su nombre pero me llamaba mucho la atención. Lo suelo ver con cierta frecuencia en los lugares más insospechados, como por ejemplo en la misma cima de Krezmendi, justo en la peñera, al lado de algunas hayas y avellanos.

Su nombre científico es *Sorbus aria* y tiene unas hojas características, de borde un poco aserrado y más claras por el envés. Los brotes surgen con mucha fuerza, son característicos, y echa unos frutos en racimos, de color rojo, que apenas son ingeridos por los pájaros o las ardillas hasta que maduran del todo después de las heladas. En el pasado se recogían en tiempos de escasez y eran molidos para la elaboración de harina. Lo mismo que sucedía con los hayucos. En crudo, sin embargo, son tóxicos por su contenido en ácido parasorbínico, pero con el calor desaparece el peligro de envenenamiento.

Hay otras especies que también han sido aprovechadas, y todavía a día de hoy algunas personas consumen sus frutos. Tal es el caso del manzano silvestre, que por aquí se conoce como sagarmina; o el níspero, con el que se fabricaba un licor. No obstante, cada vez se utilizan menos, lo mismo que sucede con los frutos del saúco y con otra gran variedad de plantas medicinales. Gracias a que hay quienes aún tienen en cuenta estos árboles y arbustos, e incluso se encargan de reseñar sus utilidades y beneficios, que si no estas tradiciones se perderían. La Naturaleza nos brinda muchos recursos, aunque utilizamos un pequeño porcentaje de ellos. Aun y todo, en farmacia se aprovechan bastantes plantas, casi todos los medicamentos se extraen de ellas, pero en la mayoría de los casos desconocemos la procedencia. Un ejemplo muy conocido es el del ácido acetilsalicílico, que está presente en los sauces, un árbol de ribera que crece tanto en el cauce del Urederra como en el del Uiarra. Entre otras especies vegetales cabe mencionar además el orégano, el té de roca, la cola de caballo, la ortiga, el romero, tomillo, brezo, y un largo etcétera.

Hoy he recibido por fin documentación muy interesante sobre el Monte de las Limitaciones de las Améscoas, gracias otra vez al ingeniero técnico forestal del Departamento de Desarrollo Rural y Medio Ambiente del Gobierno de Navarra.

Los informes son bastante completos, tanto en lo que se refiere a la masa forestal y a las actividades de la selvicultura, como a otros aspectos de Geografía física de la sierra de Urbasa y del valle de Améscoa, así como de Geografía humana de sus poblaciones y actividades de sus habitantes.

El problema, sin embargo, viene a ser el mismo que sucede con el Comunal de Artaza: los estudios están un tanto o bastante obsoletos, ya que abarcan hasta el año 2005, y se basan en planes de ordenación anteriores, en concreto son revisiones del de 1963. Por tanto, no están actualizados ni se adaptan al cambio climático. Aun y todo, van a aportar información relevante a este trabajo.

En cuanto al número de hayas que se han talado, así como el volumen de metros cúbicos, a continuación voy a exponer los datos para la década 1993-2003, pero antes debo informar de otros detalles.

En primer lugar, la fuente de todo ello es el documento:

Plan de Ordenación de 2003 (4ª revisión de la Ordenación del Monte Limitaciones de las Améscoas de 1963).

Fue realizado por Acer Agroforestal S L, en diciembre de 2005:

En el año 1963, de un total de unas 4.700 hectáreas (ha) del Monte de las Limitaciones, unas 4.000 estaban ocupadas por el hayedo; y de ellas unas 3.600 se consideraron de "arbolada inventariable".

Entre los años 1963 y 1994, la superficie poblada bajó de 3.998 ha a 3.856 ha.

Las existencias contabilizadas de la masa forestal, en su inmensa mayoría hayas, expresadas en metros cúbicos (m^3), se redujeron del siguiente modo:

En 1963, se estimaron 674.192 m^3.

En 1973, se estimaron 588.444 m^3.

En 1985, se estimaron 524.787 m^3.

En 1994, se estimaron 527.593 m^3.

Supone un descenso de 146.599 m^3, un poco más del 20% de la masa forestal del Monte, en un periodo de 31 años.

No obstante, en el informe aparece la siguiente aclaración:

"La disminución significativa de la cifra global de existencias se explica por la consideración en la ordenación y las primeras revisiones del volumen leñoso como integrante de la posibilidad..." .

Le di vueltas y más vueltas a este párrafo, que no reproduzco completo, y lo que saqué en claro fue lo siguiente:

La "posibilidad estimada" es el concepto que se refiere a la expectativa de crecimiento anual de la masa forestal completa del bosque. Marca el límite de lo aconsejable que se puede cortar para que el hayedo sea sostenible.

La "posibilidad ejecutada" es el valor que determina lo que se ha extraído en un año.

La posibilidad estimada se evaluó en el año 1994 en 12.633 metros cúbicos anuales para las 4.000 hectáreas del Monte Limitaciones de las Améscoas.

Es una expectativa de crecimiento alta o muy alta, quizá como consecuencia del deseo en las estadísticas de equilibrar o compensar el descenso de la masa forestal.

En los años siguientes, al parecer se cumplió la expectativa de talar por debajo de esa cifra, salvo en el cuartel A, situado en el lado noroccidental del Monte. Fue de este modo:

El número total de árboles talados (hayas), entre los años 1993-2003, en los 7 cuarteles en que fue dividido el Monte Limitaciones, fue de 50.534.

El número resultante de metros cúbicos extraídos fue de 100.762.

En resumen, esta cifra representa una extracción de alrededor de 1/5 parte del total de la masa forestal del Monte (teniendo en cuenta la última valoración del año 1994).

Es un volumen importante, de unos 10.000 m^3 anuales; pero hay que tener en cuenta el crecimiento de esa década, que está directamente relacionado, según el estudio, con la posibilidad estimada de cada año, en el caso global que nos ocupa multiplicada por diez años.

Según ese cálculo hipotético, la masa forestal debería haber aumentado, en esa década de 1993-2003, según la valoración de 1994, en 126.330 m^3.

Por lo que las actuaciones, según los informes, estarían dentro los parámetros de la sostenibilidad, ya que la masa forestal del Monte de las Limitaciones se habría mantenido por encima de los 500.000 m^3 (553.161), aunque dentro de la tendencia a la baja experimentada desde el año 1963.

No obstante, la posibilidad estimada fue valorada de forma muy alta. En consecuencia, falta la comprobación de estos datos sobre el crecimiento, la prueba fehaciente, ya que el Plan de Ordenación, insisto, es de hace veinte años. Su vigencia era de quince, como detalla el estudio, por lo que ha caducado, y además los cálculos son más teóricos que prácticos y las expectativas de crecimiento muestran variaciones contradictorias en los diferentes informes.

El importe económico que se obtuvo por todas las actuaciones forestales, durante aquella década de 1993-2003, fue de 7.426.954 euros.

El informe del año 1994, avalado por el Gobierno de Navarra, por tanto planteaba expectativas favorables a la selvicultura, como no podía ser menos.

Es algo normal, porque existen intereses, tanto por la Administración autonómica como por la Administración del valle de Améscoa, de que se obtengan beneficios económicos del bosque del Monte de las Limitaciones.

Sin embargo, aparte del descenso de la masa forestal y de las expectativas optimistas de crecimiento, en los informes se avisaba de la irregularidad del hayedo:

Respecto de la edad de los individuos.

En cuanto a su distribución en los diferentes cuarteles y sus subdivisiones.

También en la densidad de las poblaciones por zonas.

Por lo que proponía una serie de consejos y pautas a seguir al respecto, a medio y largo plazo, que en algunos o bastantes casos no se han cumplido por diferentes motivos administrativos, económicos o de otra índole.

Además, se propusieron varios consejos, entre los que se encuentran:

- No cortar demasiadas hayas centenarias.
- Dejar parte de ellas hasta la finalización de su ciclo vital.
- Evitar hacerlo a las que estuviesen muy cercanas unas de otras.
- No talar en exceso.

También se evaluó el presupuesto para llevarlo a cabo, la inversión necesaria para mantener el Monte en condiciones, que ascendía a más de un millón de euros.

Para tener un conocimiento comparativo de los datos anteriores con un periodo más actual, es imprescindible ponerlos en relación con las décadas 2004-2014 y 2015-2025.

De momento sólo cuento con el informe de la actuación del año 2023, que viene reflejada en el "Pliego de Condiciones Técnicas". Estoy a la espera de nuevos datos. Mientras esto sucede, me limitaré a extraer algunas conclusiones parciales:

En consecuencia, hasta ahora los informes que he analizado han dado cifras menores de las que esperaba. En cuanto a extracción de madera de haya, la había previsto en decenas de miles de metros cúbicos anuales, así lo había adelantado antes como mera hipótesis.

Este error de estimación, que he reconocido y reconozco, no quita que las actuaciones sean muy destacables en cuanto a intensidad.

Además, destacan las anomalías expuestas que advierte el estudio de Acer Agroforestal S L, respecto a la irregularidad del bosque y algunos efectos negativos que producen las actividades ligadas a la selvicultura.

Deben reseñarse una vez más los destrozos y daños colaterales en el terreno, y en la flora y la fauna, debidos al método de explotación industrial.

A pesar de los efectos más perniciosos de estas actividades humanas económicas; si el volumen de extracción anual se siguiese manteniendo por debajo de los 10.000 m^3, era ya un buen indicador según los informes.

Aun y todo, deben ser expuestas algunas matizaciones:

Es una cifra a tener en consideración, nada desdeñable, puesto que supone un volumen preocupante respecto del total de la masa forestal, que como se ha visto iba en claro retroceso desde el año 1963.

Ello por más que las previsiones de crecimiento (la posibilidad estimada), fuesen optimistas, quizá demasiado, porque además no se tenían en cuenta las consecuencias del cambio climático, problema grave que antes del año 2000 aún no estaba tan agudizado como ahora.

Estas conclusiones anteriores, aunque parecen alentadoras, a pesar de la tendencia a la baja de la masa forestal en las estadísticas, son preocupantes y se necesita compararlas con referencias más actualizadas.

Nuevos datos recibidos desde el Departamento de Desarrollo Rural y Medio Ambiente aportan más información. Cabe detallar que están extraídos de los "Pliegos de Concesión" anuales y de otro estudio del "Análisis de la Gestión realizada en la 5° revisión de 2005 del Plan de ordenación de 1963". Son documentos oficiales de acceso público.

Ya se expuso en páginas anteriores la valoración en metros cúbicos de la masa forestal de las casi 4.000 hectáreas del Monte Limitaciones, que iba en disminución, pero cabe recordarla, para establecer mejor la comparativa:

- En 1963, se estimaron 674.192 m^3.
- En 1973, se estimaron 588.444 m^3.
- En 1985, se estimaron 524.787 m^3.
- En 1994, se estimaron 527.593 m^3.

Pues bien, en el año 2005 se vuelven a evaluar en 784.460 m^3.

Supone un aumento espectacular, de 256.867 m^3, desde 1994, por tanto en 11 años, y es algo que llama mucho la atención.

Al respecto, el nuevo informe detalla:

«Como puede observarse, desde la Ordenación y durante las tres siguientes revisiones, existe una tendencia a la disminución de las existencias hasta el momento de la cuarta revisión, en las que estas aumentan sustancialmente. Probablemente esta diferencia tan notable no se deba a un repentino aumento del crecimiento y de las existencias de las masas, sino más bien a que en la 4º revisión se produjo un cambio en las tarifas de cubicación (en las valoraciones)...

»En todo caso, desde la Ordenación (de 1963) hasta nuestros días parece que haya un ligero descenso en las existencias del monte (Monte Limitaciones), algo habitual en montes capitalizados que no han sido gestionados anteriormente, y en los que las sucesivas cortas de regeneración para lograr el equilibrio de clase de edad hacen que disminuyan notablemente las existencias».

Por otro lado, tal y como aparece en el mismo informe:

Entre los años 2004 y 2016 se extrajeron 113.013 m^3 de madera de haya, con un beneficio de 3.553.972 euros.

De ellos, entre los años 2006 y 2015 se extrajeron 84.480 m^3, con un beneficio de 2.375.686 euros.

La media anual para el periodo comprendido entre los años de 2004 y 2016 (incluyo ambos, aunque no se especifique en el informe) da como resultado un volumen anual de 8.696,30 m^3.

La posibilidad estimada, como ya se ha visto, es el cálculo del volumen anual de crecimiento del bosque, expresado en metros cúbicos. Condiciona por debajo de la cifra resultante la cantidad de metros cúbicos que se pueden talar, que es la posibilidad ejecutada, sin que se pueda superar ese límite. Al respecto cabe exponer lo siguiente:

Si bien en otro informe (3ª revisión, año 1993, de la ordenación de 1963) se evaluó en 12.633 m^3 anuales; en este último (5ª revisión, año 2005) aparecen los siguientes datos de la posibilidad estimada, y de la ejecutada:

- Año 1963, posibilidad estimada 9.540 m^3, posibilidad ejecutada 9.710 m^3
- Año 1973, posibilidad estimada 8.430 m^3, posibilidad ejecutada 7.393 m^3
- Año 1985, posibilidad estimada 8.603 m^3, posibilidad ejecutada 7.201 m^3

- Año 1994, posibilidad estimada 8.899 m^3, posibilidad ejecutada 8.496 m^3
- Año 2005, posibilidad estimada 8.193 m^3, posibilidad ejecutada 8.488 m^3

Por un lado, la posibilidad estimada bajó mucho en relación con la propuesta en el otro informe de 1994 (quizá por un crecimiento menor al estimado).

Aun y todo, los valores de posibilidad ejecutada (extracción) se mantuvieron ligeramente por debajo, se adaptaron a la nueva valoración, salvo en los años 1973 y 2005.

Por último, antes de extraer las conclusiones definitivas de este estudio, el desglose de los últimos años, entre 2017 y 2025, es el siguiente. Se refieren todos, como hasta ahora, a madera de haya (*Fagus sylvatica*):

- Año 2017, se realizan dos actuaciones, una extraordinaria de 1.034,1 m^3, y otra ordinaria de 8.880, lo que da un total de 9.914,1 m^3. Se hace en una superficie sin especificar.
- Año 2018, se extraen 7.202,5 m^3, en una superficie de 97,68 hectáreas, con una media de unos 73 m^3 por ha.
- Año 2019, se extraen 10.108 m^3, en una superficie de 142 ha, con una media de unos 71 m^3 por ha.
- Año 2020, se realizan dos intervenciones, una de 385,1 m^3, en una superficie de 15,8 ha; y otra de 10.632 m^3, en una superficie de 182 ha, lo que da un total de 11.017,1 m^3, con una media de unos 55 m^3 por ha.

- Año 2021, se extraen 10.493 m^3, en una superficie de 160 ha, con una media de unos 65 m^3 por ha.
- Año 2022, se extraen 10.632 m^3, en una superficie de 182 ha, con una media de unos 58 m^3 por ha.
- Año 2023, se extraen 10.491 m^3, en una superficie de 151 ha, con una media de unos 69 m^3 por ha.
- Año 2024, se extraen 6.950 m^3, en una superficie de 109,3 ha, con una media de 63 m^3 por ha.
- Año 2025, se extraen 8.234 m^3, en una superficie de 112 ha, con una media de unos 73 m^3 por ha.

Por tanto, en los años 2019, 2020, 2021, 2022 y 2023 se superan los 10.000 metros cúbicos anuales extraídos, por encima de todo lo aconsejado.

Los restantes años, salvo 2018 y 2024, la cantidad de metros cúbicos extraídos también está por encima de la última valoración de la posibilidad o crecimiento estimado (año 2005), cifrada en 8.848 m^3.

El total de metros cúbicos extraídos en los últimos ocho años, desde 2017 al 2025 es de 85.041, lo que da una media anual de 9.449 metros cúbicos.

Los valores comparativos entre la posibilidad estimada y la ejecutada no se habrían mantenido equilibrados, sino que se habrían superado, según la última valoración de la posibilidad estimada del año 2005, que se situaba en 8.848 metros cúbicos.

Además, las diferentes valoraciones de la masa forestal, así como de la posibilidad estimada, en los diferentes informes de las revisiones de la Ordenación de 1963, resultan algo o bastante contradictorios y preocupantes.

La relación del porcentaje de masa forestal extraída por hectárea en cada actuación, resulta como es lógico variable, pero la máxima da 73 m^3 y la mínima 55 m^3.

La valoración media total de la masa forestal de todo el Monte de las Limitaciones, hoy en día, voy a establecerla de forma hipotética y optimista en unos 600.000 m^3, según el valor medio de los diferentes informes, aunque es muy posible que la cifra sea menor.

Si se divide este volumen entre el número de hectáreas de bosque, que son unas 4.000, obtenemos que por cada hectárea habría unos 150 m^3 de masa forestal.

Por tanto, cada vez que se actúa obtendríamos como resultado que se corta entre un 30% y un 50% de la masa forestal por hectárea.

Si cada año aumentase unos 10.000 m^3 en una superficie de unas 4.000 ha (posibilidad estimada), que es una valoración alta o muy alta en relación con la del año 2005, por cada ha aumentaría 2,5 m^3.

En ese caso, teniendo en cuenta que se han extraído 60 m^3 por ha de media, cada una de esas ha necesitarían en condiciones normales de entre unos 20 a 30 años para recuperar su anterior estado.

Además, no es difícil hoy en día captar las mismas anomalías citadas que advierte el estudio, antes incluso de conocerlo: la irregularidad del bosque por zonas en cuanto a las edades de los ejemplares que lo conforman, la diferente densidad del arbolado o el impacto estético que producen las actividades ligadas a la selvicultura.

También, debo reseñar los destrozos y daños colaterales en el terreno, y en la flora y la fauna, debidos al método de explotación industrial.

Según lo visto, el volumen de tala anual se debería situar siempre estrictamente por debajo de los 10.000 m^3, dando incluso un margen de actuación demasiado amplio.

Jamás habría de superarse, cuanto menos mejor: "menos es más".

Sin embargo, si se atendiese a lo más aconsejable, a la última valoración de 2005, estipulada en 8.848 m^3 anuales de extracción, no es así, sino que la cifra de 10.000 m^3 estaría por encima.

·

La equivalencia en peso de 10.000 metros cúbicos es de unas 10.000 toneladas de madera.

Si cada camión es capaz de transportar como máximo unas 50 toneladas de troncos, estaríamos también hablando de 200 camiones o más de gran tonelaje que transitan por la superficie del monte, al menos por las pistas y lugares de carga.

En vista de todo lo expuesto, creo que urge un nuevo plan de ordenación, pues ya han transcurrido veinte años desde que se ultimó el anterior. Aparte, se les suele dar una vigencia de quince años. Además, vuelvo a repetir, en dos décadas las consecuencias del cambio climático se han agravado.

En un periodo tan dilatado de tiempo, el volumen de masa forestal ha podido variar, como de hecho aparece en las valoraciones de los diferentes informes, alejándose de las expectativas halagüeñas de crecimiento que se auguraron en el pasado.

Lo mismo podría haber sucedido con la capacidad de regeneración de nuevos individuos en el bosque o con el ritmo de crecimiento de los ya existentes.

El nuevo plan de ordenación debería incluir además informes climáticos, para adecuarse de mejor modo a la realidad actual.

El último documento examinado, el de 2005, vuelve a incidir en la conveniencia de no cortar todas las hayas centenarias. En la actualidad se está haciendo con bastante asiduidad, seguramente excesiva. Si no, expone el informe, en el futuro no habrá nada que cortar. Aparte, se aboga por dejar una parte de ellas hasta su vejez, para completar su ciclo vital.

Además, propone otras recomendaciones importantes destinadas a la óptima conservación del hayedo del Monte de las Limitaciones, así como el coste económico estimado, que no deberían olvidarse.

Tal es el caso de la regeneración, la advertencia de no cortar árboles que estén juntos, ni de hacerlo en exceso, etcétera.

Debo reconocer que estaba equivocado respecto a la intensidad de las talas en el Monte de las Limitaciones, puesto que temía que lo cortado superase las cifras barajadas hasta ahora.

Sin embargo, este alivio no aleja la preocupación y la constante alerta que debe tenerse al respecto. Las actuaciones forestales en el Monte Limitaciones son muy dignas de tenerse en cuenta, tanto por el volumen de metros cúbicos (unos 10.000 anuales de media) como por la forma industrial en la que se llevan a cabo.

También, debo reconocer que el Gobierno de Navarra cuenta con algunos datos de la masa forestal, aunque en este caso concreto un tanto desfasados. Llegué a dudarlo a lo largo de la elaboración de este escrito, a pesar de que en principio estuviese convencido de ello, de que existían. Me resultaba extraño que no los hubiera, ya que los bosques constituyen gran parte de nuestra riqueza natural. Aparte de ser un elemento importantísimo para la salud del planeta, y de rebote de la nuestra, son el legado de la vida y de nuestros ancestros. Y además, cómo no, suponen una fuente de recursos económicos, siempre y cuando se gestione de la forma correcta.

La sierra de Urbasa es uno de los hayedos más importante de Navarra, por detrás de la selva del Irati, que a su vez es el segundo de

Europa en importancia por sus características, grado de conservación y su superficie.

En el caso concreto del Monte Limitaciones, con unas 4.000 hectáreas de bosque pertenecientes al valle de Améscoa, debo añadir:

Los habitantes del valle, a través de la Junta *Aristubelza*, han gestionado esta superficie del Monte, cuyos derechos le pertenecen, desde hace siglos.

No obstante, esos derechos de aprovechamiento o explotación, llámense como se llamen, llevan aparejada la obligación de conservar el patrimonio natural.

La Junta está compuesta por representantes del valle, designados a través de los Ayuntamientos y Concejos, de forma rotatoria, por lo que son elegidos democráticamente.

Deben atender a nuevas necesidades económicas que antes no existían.

En el pasado el beneficio de la venta de la madera se repartía anualmente entre todos los hogares del valle.

Esta situación cambió hace bastante tiempo.

La Administración de la Junta *Aristubelza* se ha hecho más compleja y se han generado bastantes más gastos, incluidos los sueldos de las personas que trabajan para ella.

No es mi intención en este trabajo hacer un balance pormenorizado de las actividades y competencias de la Junta, ni mucho menos; pero si puedo afirmar que hoy por hoy sería impensable que se renunciase a una fuente de ingresos que le son tan necesarios.

Como ciudadano de Améscoa, pido que los junteros actúen siempre con sensatez, respeto, moderación y transparencia.

Se ha de tener siempre en cuenta por encima de los intereses económicos la sostenibilidad del hayedo que conforma el Monte de las Limitaciones, que es un legado que viene de siglos y siglos atrás.

En el resto del parque natural Urbasa-Andía la actividad forestal es aparentemente menor. En el parque propiamente dicho, al margen del Monte Limitaciones, el motivo sería su propia condición como tal y por la afluencia del turismo de naturaleza. Aun y todo, no cuento con datos, ya que salen fuera del ámbito de mi estudio actual. No obstante, algunas personas me aseguran que se tala también con frecuencia. Andía, por el contrario, está prácticamente desforestada, por causas que ya se han expuesto.

En lo que respecta la sierra de Urbasa en su conjunto como unidad geomorfológica, en la parte alavesa, Enzía (o Encía), la intensidad supongo que será similar a la del Monte de las Limitaciones. En proporción, claro está, ya que tanto su superficie como su masa forestal es menor. Carezco de datos, al menos de momento. Quizá un día incluya ambos territorios para ampliar el conocimiento de la sierra de Urbasa.

Respecto a las *aldayas* o laderas del sur y del este, son terrenos comunales de los pueblos y concejos del valle de Améscoa, bien por separado o en conjunto. Aunque se tale a menudo, las actuaciones suelen ser moderadas, con el fin sobre todo de surtir de leña a los vecinos. A veces se realizan las consabidas "limpias", a las que vuelvo a repetir no encuentro demasiado sentido, al menos de la forma en que se realizan. Y además se deja la madera sobre el terreno, desaprovechada. Tal es el caso último de la que se ha ejecutado en la entrada del Nacedero desde Zudaire, en terreno Comunal del Ayuntamiento de Améscoa Baja.

No obstante, a pesar de que se suele actuar con moderación en los comunales de los pueblos o del valle de Améscoa, de vez en cuando se dan casos que escapan a la norma habitual, que superan todos los parámetros y estadísticas, como el de Krezmendi y alrededores, del que ya me he ocupado con creces.

En conjunto, el balance resulta por tanto algo menos perturbador o preocupante de lo que esperaba, aunque lo sea, salvo actividades puntuales que puedan llegar a convertirse en hábito. Por lo que nunca se debe bajar la guardia a la hora de preservar nuestros montes.

Pienso también que iniciativas como ésta, la de profundizar en el conocimiento del bosque, nunca están de más, y que siempre será mejor pecar por defecto que no por exceso a la hora de comerciar con la madera. Y, por supuesto, creo que se deben evitar las actuaciones masivas, hechas de golpe y porrazo, de una sola vez, que eliminen un porcentaje tan elevado de la masa forestal de una superficie determinada, tanto en conjunto como por hectárea.

Esto último es lo que va a suceder en el Comunal de Artaza, en un bosque de hayas que no ha recibido semejante impacto jamás y que durante más de cuarenta años sólo se han realizado acciones muy moderadas. Por eso es normal que haya personas sensatas que se alarmen ante estas actuaciones tan repentinas como desproporcionadas, más si se tiene en cuenta que está prevista otra iniciativa de similares características bajo el monte Arripuia.

En cuanto a las opiniones de los vecinos, acabo de estar hace un rato con dos de las personas más contrarias a las intervenciones de la selvicultura. Tienen concedida una parcela en el extremo occidental de las Limitaciones, donde pastan sus yeguas. Tras informarles de las últimas conclusiones un poco más tranquilizadoras, ellos sin embargo me han trasmitido palabras como estas: "En diez años van a acabar con todas las hayas del Monte de las Limitaciones, al menos las centenarias".

Estos días pasados, estas mismas personas han realizado una medición relativa al porcentaje de árboles marcados para la tala en Krezmendi y Burgaloki, junto con otros vecinos del pueblo de Artaza. Les ha dado como resultado un 48% de la masa forestal que se va a cortar, en algunas zonas, y en otras un porcentaje aún mayor. Como mi labor es informar, aparte de destacar los datos más fiables que he expuesto con anterioridad, así lo hago.

Por último, para comprobar el dato anterior, si trasladásemos los datos de la masa forestal del Monte Limitaciones al hayedo del Comunal de Artaza (ambos de similares características) obtendríamos el siguiente resultado:

Se van a extraer 3.220 m^3 en 38,6 ha, lo que da una media de unos 84 m^3 por ha.

Es una cifra superior a todas y cada una de las actuaciones registradas en el Monte Limitaciones.

Si la valoración estimada de masa forestal por ha es de 150 m^3, igual que en el Monte Limitaciones, se iría a cortar de media más del 50% de la masa forestal.

Es una cifra también superior a la estimada por el Guarda Mayor del parque natural de Urbasa-Andía, quien expuso en comparecencia pública que se iba a talar entre el 30% y el 40% del monte Krezmendi e inmediaciones.

A no ser que en el Hayedo Comunal de Artaza exista mayor índice de masa forestal que en el Monte Limitaciones, lo cual parece improbable.

Todo lo expuesto hasta ahora creo que habla por sí mismo, por lo que no haré más comentarios.

Nada más, para concluir, deseo reseñar que he respetado escrupulosamente la fidelidad de los datos recibidos desde el Departamento de Desarrollo Rural y Medio Ambiente del Gobierno de Navarra.

Las conclusiones han surgido de un estudio previo minucioso y se ha realizado con toda la imparcialidad posible.

Todo ello va con el debido respeto a autoridades, funcionarios, trabajadores del sector y otras personas que tengan opiniones contrarias. Eso no impide que manifieste mis puntos de vista, valiéndome de la libertad de expresión.

El estudio se ha hecho con el ánimo de conocer y conservar nuestro entorno natural de la mejor forma posible, nunca de realizar críticas negativas que produzcan crispación.

Y además con la finalidad de que la opinión pública conozca las actuaciones que se realizan en nuestros montes, en base a los datos disponibles y no por comentarios carentes de fundamento.

Así que cada cual saque sus conclusiones, tanto quienes están a favor de la selvicultura que denomino “industrial”, como quienes proponen otras actuaciones de tipo conservacionista, yo incluido.

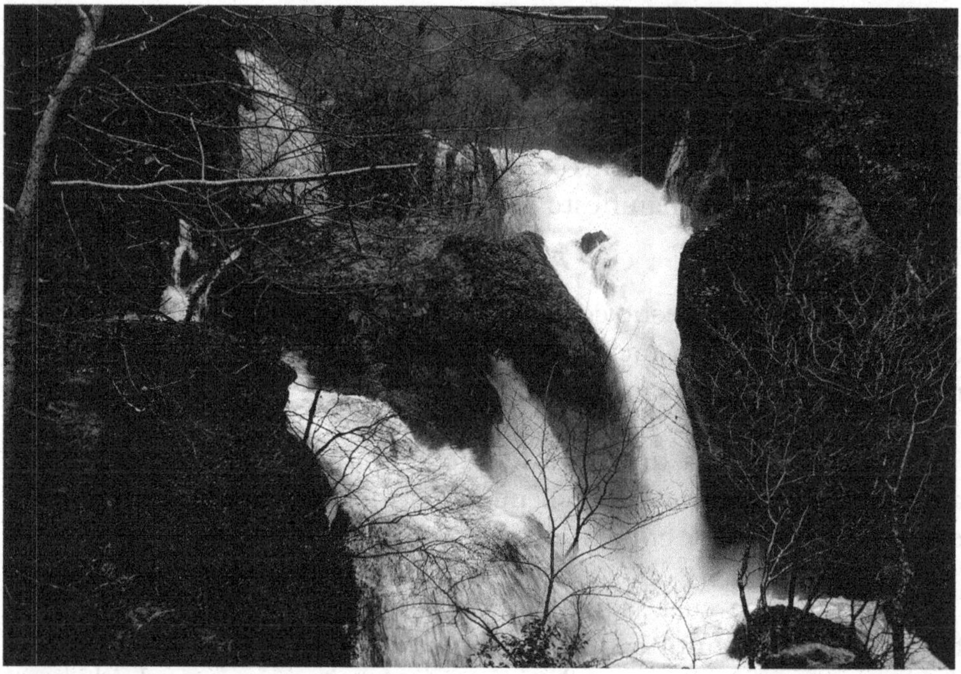

XVIII

Ha comenzado el calor, y unidas a él han llegado las perturbaciones. A punto de cumplirse un año desde que vine a vivir a las *Amezcoas*, todo comienza a complicarse. De momento lo voy llevando bien, voy gestionando la nueva situación; pero por ello no deja de ser muy incómoda, tanto o más como las moscas que ahora mismo me están incordiando. Avería en el todoterreno (ya solucionada), problema vecinal, sensación de ahogo… Lo peor lo del problema vecinal. Hacía varios años que no pasaba por ello, que no me sucedía. Ya se sabe, es lo que conlleva vivir en un pueblo, rodeado de gente, y no en una finca. Lo que no esperaba es que fuera a ocurrir de esta manera, tan de repente, aunque ya lo temiese desde el principio, desde antes incluso de mi llegada a Artaza.

El caso es que hay personas muy conflictivas y les va la bronca. Han tenido y tienen trifulcas con bastantes de los que les rodean, y ahora me ha tocado a mí. Cuando se les cruza el cable se vuelven muy agresivas, e incluso a alguna le da por mandar mensajes muy desagradables al móvil. De momento parece que ya no lo hace. Espero que se le pase y me deje en paz. Cuando hablo con ella se masca la tensión, eleva el tono de voz de forma estridente y suelta algún exabrupto. Yo he mantenido siempre la calma, no entro al trapo nunca. Jamás le he levantado la voz y siempre doy un trato basado en el respeto. Lo contrario sucede con la otra parte, por lo que después de estas salidas de tono no me queda ninguna gana de mantener ningún tipo de relación, salvo la absolutamente imprescindible.

Si a todo esto sumamos el sempiterno tema de las talas, vayas por donde vayas, y sobre todo la inminente actuación en Krezmendi... Este monte y su bosque son uno de mis últimos recursos; ambos, que son uno, constituyen las mejores válvulas de escape para la salud física y mental. Si los dejan hechos unos zorros, que así los van a dejar, ¿dónde voy a refugiarme del mundanal ruido y de las olas de calor. ¡Tierra trágame! Que no cunda el pánico.

En fin, que por primera vez en casi un año desearía marcharme de Artaza, y eso que al venir manifesté que "es el mejor pueblo del mundo", de lo bien que me encontraba. A la vez soy consciente de todos los aspectos agradables que me brinda mi estancia aquí, sobre todo el silencio, estos días menos con tantas desbrozadoras y máquinas cortacésped. La frescura de la planta baja de la casa, del hayedo y de las aguas del río, son otras de las bondades, pero ya comienzo a agobiarme, a llegar al grado de saturación. Veremos a ver qué sucede, de momento pasar el verano y sus altas temperaturas de la mejor forma posible.

En fin, que quienes crees que son tus amigos, a veces te salen "ranas". Con unos no lo sospechas, pero con otros lo intuyes, puesto que ya tienes algunas nociones de su parte oscura y de sus conflictos de relación, en gran parte porque ellos mismos te los cuentan. En todo caso, el error quizá sea de uno mismo, por dar demasiada confianza. De los errores se aprende.

Hay quien deforma la realidad y lo tergiversa todo. Cuando así, cuando esto sucede, es inútil el diálogo, sólo consigue uno que se embrolle más la situación, ya de por sí bastante complicada. Algunas personas le dan la vuelta a todo, a cualquier razonamiento cabal. Es muy incómodo a veces habitar puerta con puerta, como quien dice, con alguien que te proyecta vibraciones negativas. A pesar de los pesares, la calma que me brinda la práctica del Conocimiento del Ser me ayuda en la adversidad.

Ha llegado la canícula, sin haber llegado aún el verano astronómico. ¡*Porca Miseria!* De momento se aguanta, la planta baja de la casa está fresca. La de arriba no tanto, pero no se ha calentado demasiado. Mañana sábado creo que es la fiesta del valle de Améscoa, y creo que se celebra en Artaza. Se llenará aquello de gente y de coches. Más vale que sólo es un día. Mis temores me han hecho sospechar previamente que las fiestas del pueblo serían el fin de semana próximo, porque he visto que habían puesto unos servicios de esos que se utilizan en las celebraciones populares; pero luego me he dado cuenta de que no, de que son en el mes de julio. Como he recordado que el día 28 de junio hace un año que vine a vivir aquí, entonces me ha venido a la mente que se celebran más tarde. Este recordatorio ha resultado un alivio, aunque lo de mañana no es que me agrade demasiado. No me gustan las aglomeraciones, amo la calma. Sin embargo comprendo que otros muchos quieran divertirse. Es muy probable que a primera hora, casi de madrugada, escape al monte; son las únicas horas en las que se puede gozar de un poco de frescura bajo el hayedo.

Creo que los del pueblo han convocado una excursión por los alrededores de Krezmendi. De paso que enseñen a los visitantes el despropósito que van a realizar allí. Casi seguro que a casi nadie le va a importar demasiado. Para una vez que suben, lo que menos les preocupa es que se vayan a cortar 5.091 hayas. La gente en general no se complica la vida, y la mayoría de los vecinos del pueblo menos. Nada más que ven el monte desde las ventanas de su casa, y como mucho dan un paseo por los alrededores. Lo de la actuación forestal les suena como si fuese a suceder en otra parte lejana. No escucharán el sonido de las motosierras, ni verán los destrozos, a lo sumo algún que otro camión cargado con troncos o las torres de ellos que suelen dejar en la campa de Zufieta.

Cambiando de tercio, hoy he estado por la mañana en Estella con Mónica, la de Aranarache, y le he contado lo del estudio del Comunal de Artaza y del Monte de las Limitaciones. He quedado en enviárselo, ya que tiene muchas ganas de leerlo. Me ha felicitado por haberlo hecho, porque alguien se preocupe por indagar en esos temas. Ahora son las cinco de la tarde y estoy en el río Urederra, en las inmediaciones de Artavia. No menciono el emplazamiento concreto porque deseo mantenerlo en el anonimato. Es uno de mis refugios casi sagrados, aunque cada vez se acerque más gente, no demasiada.

No estoy muy alegre que se diga, bueno a ratos. El tema de la discordia, sumado al de las talas, me pasa factura. Hoy por la mañana también me he acercado a la casa de Fernando y de Rosa. Él es gallego y ella de Tafalla. Llevan viviendo aquí más de dos décadas. Publican algún que otro libro muy interesantes y de edición esmerada bajo el emblema "Ediciones Fertilidad de la Tierra". Son muy sensibles con todo el tema del bosque y mantengo buenas relaciones con ellos. De lo mejorcito que he encontrado aquí. Se van a encargar de difundir el estudio sobre las actividades forestales.

En otro registro muy diferente, acabo de leer un pasaje del libro *Las Guerras Carlistas en Tierra Estella*, escrito por Joaquín Ansorena y José María Ocáriz, que relata alguna de las batallas que se dieron en el valle de Améscoa. La que me interesa destacar ocurrió a finales del mes de julio de 1834. Batallones de cristinos liberales, con numerosos efectivos, y de carlistas, anduvieron por la sierra y se enfrentaron en ella o en el valle. Encima de Artaza, por lo que parece hacia la zona de puerto Piturri e Igarate, se libró una escaramuza. En fin, que por aquí ha ocurrido casi de todo.

Sentado en mi silla-tumbona plegable, en traje de baño, a ratos leo, escribo y como una manzana, mientras que mi perrita, recostada a la sombra, se lame las patas. El agua está fresquísima y limpia. Todavía el río lleva un caudal aceptable. El sol sacude como un mazo, casi tengo ganas de que se oculte detrás de la montaña. Aún falta un rato, así que paciencia. *Kuki* ladra ahora como si hubiese visto al diablo. Yo creo que le perturban los ruidos que vienen desde la carretera, los cuales, aunque amortiguados, le deben de sonar como maldiciones.

Va transcurriendo la tarde entre baños, escritura y rayos de sol. Estos últimos procuro evitarlos. Y también reflexiones sobre este año transcurrido en las *Amezcoas*, mientras que un velo de desencanto me envuelve. Espero que sea pasajero. Un año de encanto vale más que unos días de desencanto, indudablemente. Mi ordenador miniportátil, para no ser menos, me hace jugarretas. Le gusta hacerlas de vez en cuando, en concreto saltan las letras de una línea a otra, mientras tecleo, sin ton ni son, lo mismo va hacia abajo que va hacia arriba. ¡Qué curioso fenómeno! Yo creo que le afecta también el calor, porque sale una especie de infiernillo por uno de los laterales, como si fuese un calefactor. Resulta hasta gracioso, intento tomarlo con humor, pero es que a veces se pone insoportable, porque escribir me cuesta el doble. Debo rectificar continuamente. Así es la vida. Lo peor que me puede pasar en este sentido, que ya me ha ocurrido más de una vez, es que se ponga todo el texto en blanco, que se borren todas las páginas, todo un libro, toda la tarea del día o de la tarde. Entonces, cuando te muestra: "¿desea guardar los cambios efectuados en…", como le digas que sí, te quedas sin nada. Por eso es mejor marcarle que no, aunque te quedes sin todo lo que has hecho desde que lo archivaste por última vez. Más de una vez me ha tocado reescribir lo que había consignado, encima después de que me hubiese quedado sublime. Por eso ando continuamente cerrándolo y abriéndolo, aparte de guardar siempre dos copias de seguridad. Voy a apagarlo porque anda de lo más juguetón. Luego ya continuaré si me da la gana.

Ya he vuelto. ¡Ah, sí!, ya sé qué quería decir, o mejor dicho escribir: que creo que este libro llega a su fin. Bueno, todavía no, que aún queda una semana y un día para que se cumpla el año de vida en las *Amezcoas*. Recuerdo el primer día como si fuera ayer: el viernes 28 de junio de 2024. Me embargaban una mezcla de entusiasmo, alivio por dejar el calor y los ruidos de la finca, y temor reverencial ante mi nueva existencia. Curioso, y ya ha pasado un año sin darme cuenta. No me lo puedo creer, pero es así.

Hoy es la fiesta del valle y hace un calor insoportable cuando son las doce del mediodía. No sé ni si será posible salir y entrar con el coche, tal aglomeración se espera. Después de andar por el monte desde el punto de la mañana, me he dado una ducha y ahora estoy en la planta baja de mi vivienda, que todavía se mantiene fresca, aunque ya ha subido la temperatura hasta los veintitrés grados. ¡A ver si refresca! Me voy a quedar en casa, también por la tarde, a no ser que después de la comida popular se despeje un poco el pueblo. Andaba gente por el monte, a pie y en todoterreno; han ido a almorzar a la zona de Krezmendi, junto a la "muga de Echávarri", así llaman al lugar donde se han concentrado. En realidad es el portillo del Tambor. Quizá el topónimo guarde relación con lo sucedido en las guerras Carlistas, porque por la zona también existe el "alto de la Guardia". Y en Zudaire hay un quejigo centenario, que está hueco, donde se ocultaba el soldado de guardia, de ahí que sea conocido como "El Centinela".

En el portillo del Tambor se encuentra el pequeño monumento de homenaje a los carboneros de Echávarri. Es una carbonera forjada en hierro. Me siento muy incómodo y espero que la jornada pase lo antes posible. No me gusta escribir esto, pero es la pura verdad y no puedo engañarme a mí mismo ni a los lectores.

El día va transcurriendo mejor de lo que esperaba. La aglomeración no ha sido para tanto, al menos de momento. Y el calor, bueno, aunque es bastante sofocante, lo combato en el río. Me acabo de dar un remojón. Ya no es que apetezca; es una necesidad. El agua sigue fría. En casa también se está bien, no hay moscas, quitando alguna que otra. Se mantiene fresca y no se escuchan los ruidos de la fiesta, pero tampoco puede uno pasar muchas horas encerrado. Por eso por la mañana he subido al monte Arripuia y por la tarde me marcho al río Urederra. He comido bien, una ensalada con patata cocida, zanahoria y remolacha, aderezada con sus escamas de sal, aceite de oliva virgen extra y un diente de ajo picado. De postre yogur con manzana. De beber un poco de sidra. Casi todo ecológico. Por lo que no me puedo quejar.

La fiesta del valle ha acabado a las siete y media de la mañana del día siguiente, domingo. Desde la tarde, que comenzó a ponerse más peliaguda, la música no ha parado de sonar en toda la noche, junto con los gritos, cánticos y explosiones de petardos. El que los despacha, un vendedor ambulante, lo hace al lado de mi casa. ¡Qué manía tenemos en España con el tema de los explosivos pirotécnicos! Es una costumbre que se lleva en los genes, sobre todo en las poblaciones mediterráneas.

También hubo *zenzenzusco* (torico de fuego) y temí que se escapara alguna chispa a la era colindante y prendiera la hierba que ya está seca. Tiene una altura que me pasa la cabeza. Me impide ver a Nati y a Ana, las dos hermanas y vecinas con las que mantengo relaciones cordiales. Los propietarios no la desbrozan, la tienen abandonada. El año pasado la apañaron allá por el mes de julio, un poco antes de las fiestas. Tendré que cortar al ras unos dos o tres metros pegados a mi casa, porque existe riesgo de incendio.

He tenido que dormir con tapones en los oídos, algo que no hacía desde mucho tiempo atrás. Aun y todo he conseguido descansar bastante bien. La primera tarea matutina: limpiar el entorno de mi vivienda. Si a todo ello sumamos el calor, con noche tropical, se crea para mí una situación complicada, difícil, acostumbrado como estoy a la calma del día a día. Ahora mismo no me puedo sentir más incómodo en el pueblo de Artaza. Me encuentro oprimido, sin libertad de movimientos, con sensación de estar bloqueado, aunque más o menos en calma. Ya pasará, espero. Podría haber sido peor.

Mi deseo más inmediato es que el tiempo refresque, que pase esta "ola de calor", que, aunque no sé si ha sido calificada como tal por los meteorólogos, ya comienza a pasar factura. Añoro el viento fresco del norte y abrir todas las ventanas de par en par, sobre todo las de la planta de arriba de la casa, para que huya el bochorno que allí se va atrincherando. Todo llega, cuando menos lo espere, dará un giro radical el tiempo.

Me parece que voy a tomar la mañana con mucha tranquilidad. Siempre digo lo mismo, ¿verdad? Primero almorzaré algo y después voy a meter más leña a cubierto. Quiero poner a buen recaudo toda la que tengo fuera, en la calle, en un montón. Ya está seca, no queda mucha y calculo que, contando esta última, tendré ya almacenados unos tres mil kilos. Un tercio más o menos de lo que necesitaría para pasar la próxima temporada.

Quisiera poner tierra por medio entre mi persona y Artaza. Supongo que será algo pasajero. Me suele ocurrir. Soy un poco medioambientales, y, como ya me pasó hace una década, cuanto más he profundizado en el conocimiento del entorno natural, más he percibido sus anomalías. Estas provienen principalmente de una mala gestión del patrimonio heredado desde hace muchísimas generaciones. No se tiene en cuenta en absoluto el cambio climático y, cuando habría que actuar con cordura, se hace como si no hubiera un mañana, talando de un solo golpe más de lo que se ha hecho en cuarenta años. No hay más comentarios ante este despropósito sin precedentes, salvo decir que hemos hecho todo lo posible por evitarlo, y al menos con esta satisfacción me quedo, aunque no me sirva de demasiado alivio.

El verdadero alivio lo siento cuando me sumerjo en las aguas del río Urederra, que ya comienza a acusar el estiaje, aunque aún están frías. El verano anterior fue bastante aceptable en el norte de España. Éste ha comenzado muy puñetero, de forma brusca y contundente. No refresca por las noches. La casa se va calentando. La planta baja está a veinticuatro grados y la de arriba a veintiséis. Creo que mañana y pasado van a bajar un poco las temperaturas, habrá que aprovechar para abrir todas las ventanas de par en par y así ventilar los aposentos.

He estado por la mañana en el monte, en Arripuia, desde el puerto de Gollano, para bajar después por el puerto Piturri. Han caído unas gotas antes del amanecer, muy pocas, pero han venido bien para refrescar un poco el ambiente. Es tremendo, ni en un valle de montaña se está ya a gusto. ¿Qué será por ahí abajo, en Extremadura, Castilla la Mancha o Andalucía? ¡No quiero ni pensarlo! Los veranos se han convertido en una pesadilla, y este no ha hecho más que comenzar. Antes era mi estación preferida. Ahora los temo.

Después de un par de días, con sus noches, que han dado un cierto respiro, el calor vuelve a apretar con fuerza a finales del mes de junio. Aún quedan julio, agosto y septiembre dentro del periodo más crítico para el bosque.

Ayer ascendí de nuevo a Krezmendi. Desde uno de sus vértices, el que da al este, se contempla una pequeña "sierra" que hace de contrafuerte de la parte más oriental de Urbasa. Tiene una extensión de al menos unos centenares de hectáreas. Se sitúa entre la falla de Zumbelz y el estrecho valle que asciende a Lizarrate. Comprende el monte Iranzu, Cerro Viejo y Zanabe. No pertenece ni a Urbasa ni a Andía, sino que marca la divisoria entre ambas.

Allí vi muchas hayas secas, sobre todo en Cerro Viejo y Zanabe, que se aprecian con mayor claridad por la tarde, cuando los rayos del sol no inciden de forma directa. Varios años, entre 2015 y 2019, en pleno verano comenzaron las hojas a perder su lozanía y color verde habituales. Sucedía unos dos meses y medio después de que hubiesen brotado como de costumbre, que suele acontecer en los últimos días de abril. Las hojas adquirieron un color ocre, primero claro y luego oscuro, como si se hubiese anticipado el otoño. Se estaban quemando por episodios de mucho calor, falta de agua y demasiada exposición al sol. Son las mismas que ahora están muertas, pero el fenómeno aún se ha extendido, afectando a multitud de árboles en una superficie considerable. La propagación adquiere dimensiones dramáticas, ya que incluye, de media, a la mitad de los especímenes. Va por zonas, en el monte Iranzu la proporción es mucho menor, mientras que en Cerro Viejo y Zanabe es altísima, en amplias áreas en las que casi todas se han secado.

En esa ladera que se encuentra en la vertiente este del cañón del río Iranzu, hay (o había) un bosque de hayas de considerable extensión y densidad. También asciende por el lado oeste, hasta las peñeras de la "sierra" de Echávarri.

La masa forestal de este paraje era similar a la del hayedo próximo, que se sitúa enfrente. Este último está ubicado en la *aldaya* oriental de la sierra de Urbasa. Comprende los términos de Legarobi, la falda del monte Dulanz y llega hasta Aldabidea, ya casi en la peñera norte de Urbasa. Quizá el del monte Iranzu fuese algo menos denso, sin embargo hasta hace una década mantenía un estado de salud y frondosidad muy aceptables. No sucede lo mismo hoy en día, ya que es el lugar donde he observado el retroceso más acusado de todos los hayedos que existen en Tierra Estella.

Entre medio de los dos parajes está el raso de Lizarrate, que es muy interesante por las formaciones rocosas que alberga. Son grandes bloques "erráticos", algunos de forma redondeada. Se desprendieron de la peñera y después de bajar rodando se asentaron allí. Están de tal forma sostenidos sobre otras piedras, que da la impresión de que hubiesen sido colocadas por el ser humano. Sin embargo no es así, sino que son formaciones naturales.

El proceso de desecación está ascendiendo también hacia la vertiente oeste del cañón del río Iranzu, hasta las campas de Larraiza y la peñera de los montes de Echávarri. Allí el bosque es menos extenso y más vulnerable y he visto también hayas muertas, pero no de forma tan alarmante como sucede enfrente.

Es el mismo fenómeno de la vertiente norte de la sierra de Lokiz, que sobre todo se da en lo alto de Baríndano. Cuando se asciende por la pista que lleva a la ermita de Santiago, a la altura del término de Sagarmina comienzan a verse áreas completas del borde del hayedo que están desapareciendo. La mayoría se sitúan en las vaguadas con más intensa insolación y en suelos más pedregosos. En el otro lado, al este, en las estribaciones de San Cosme y San Damián, también sucede, pero con menos intensidad.

El caso es que las altas temperaturas continuadas de los meses del verano y la escasez de precipitaciones en estos periodos, salvo alguna que otra tormenta y entrada de nieblas ocasionales, no le sientan nada bien al bosque. Le pasan una factura muy cara, sobre todo en zonas con mucha exposición a los rayos solares. Las radiaciones ultravioletas, cada vez más habituales por el debilitamiento de la capa de ozono de la atmósfera, representan la puntilla para las hayas; son lo que en último extremo las matan.

Por un lado se produce la evaporación, sobre todo si el bosque no es frondoso y soplan vientos del sur. Los árboles, por su parte, pierden agua por la transpiración, a la vez que oxigenan y refrescan el ambiente. Llega un momento que, al haber escasez de humedad en el suelo y en el aire, no pueden realizar esa función vital.

Este estrés térmico e hídrico que deben aguantar, debido a unas condiciones físicas que se salen de su rango óptimo de desarrollo, alcanza todos los años en verano un grado límite. Es más intenso cuando estos episodios duran muchos días. Por un lado realizan un esfuerzo extraordinario por adaptarse a las nuevas condiciones, pero no siempre lo consiguen. Todo esto crea secuelas que quedan grabadas en el genoma de los árboles. Cualquier especie vegetal que no esté preparada para ello, en este caso el haya, acaba por secarse. Los árboles se vuelven más débiles y vulnerables, y por consiguiente son también más propensos a los ataques de las plagas y enfermedades. Por último, la exposición a los rayos UVA concluye el proceso letal.

El perturbador fenómeno además se propaga con mayor o menor rapidez a otros ejemplares, generalizándose y debilitando al bosque en su conjunto, a la unidad que conforman todos los individuos. Las hayas cuando prosperan lo hacen todas juntas, y cuando mueren sucede lo mismo.

También ocurre esto mismo en regiones más altas, sobre el borde de las peñeras, donde la insolación es muy intensa, al igual que la exposición a los vientos. En Larregoico, el Balcón de Pilatos, Arripuia, Krezmendi, y desde este monte a Dulanz, toda la plataforma de puntas calizas que sobresalen en el sur y el este de Urbasa están salpicadas de hayas secas o en proceso de hacerlo.

Otro caso también muy preocupante se da en la zona superior de Urbasa y se estaría propagando a un ritmo acelerado. No esperaba tal magnitud, que es similar a la anteriormente mencionada del cañón de Iranzu. Sobre todo es muy notable en la zona de Larregoico, en el alto de la Brecha, donde ha habido en los años anteriores bastante explotación forestal por parte de la junta del Monte Limitaciones. Parecido sucede en los bordes del raso de Aranzaduya, aunque no iguala al anterior. Sobre todo en el primer paraje adquiere una dimensión alarmante, lo mismo que sucede en Zanabe y Cerro Viejo. Afecta a decenas de hectáreas enteras e incluye a bastantes de los ejemplares de una misma superficie. Además se extiende hacia el norte, hasta la misma peñera que da a la Sakana, pero en la parte septentrional de Urbasa se da de forma menos extensa y homogénea, a modo de salpicaduras o manchas aisladas. Estas áreas de la meseta de Urbasa reciben los rayos del sol durante muchas horas en los meses estivales, prácticamente todo el día, y el Monte Limitaciones sufre encima mayor presión por las actividades de la selvicultura.

De todas estas observaciones, deduzco que el proceso de disminución del bosque húmedo caducifolio va a ser dramático e inevitable bajo las consecuencias del cambio climático. ¡Ojalá me equivoque!, pero creo que no va a ser así, a la vista están las pruebas que hoy por hoy casi nadie quiere reconocer. Todo va a depender de cómo se den los veranos y del régimen de precipitaciones, pero las olas de calor van a ir en aumento, al contrario que las lluvias, y tampoco hay un remedio mágico que fortalezca la capa de ozono y evite los rayos UVA.

El deshielo de los casquetes polares, el retroceso de los glaciares de montaña, la disminución de los atolones coralinos, estarán acompañados de la reducción drástica de las masas arbóreas que prosperaron a partir del final del Pleistoceno y comienzo del Holoceno. Estos bosques surgieron y se consolidaron después de la última glaciación, gracias a que el clima dejó de ser gélido, pasando a un periodo templado y húmedo que se ha mantenido durante unos doce mil años. Y esta vez van a disminuir o incluso desaparecer por el efecto de las actividades humanas y el consiguiente calentamiento global, no por causas naturales. Algunos científicos ya han bautizado a la era actual con el nombre de "Antropoceno".

Voy a intentar hacer una previsión, en base a lo expuesto, sobre el ritmo de retroceso del bosque húmedo atlántico caducifolio en Tierra Estella.

Primero debo realizar un cálculo aproximado de la masa forestal de todos los hayedos de Urbasa-Andía, montes del cañón del río Iranzu y de Echávarri, sierra de Lokiz y sierra de Codés.

Los parajes anteriores son los últimos reductos de la *Fagus sylvatica* en Tierra Estella y, por extensión, de prácticamente toda la Zona Media de Navarra; salvo en la sierra de Alaiz y la Higa de Monreal, donde quedan algunos vestigios testimoniales.

La Zona Norte, la montaña propiamente dicha, es un caso aparte, porque en Quinto Real, en los valles pirenaicos como el de Baztán, Salazar, el del Roncal, etcétera, y sobre todo en la selva del Irati, aún quedan buenas extensiones, afortunadamente. Sin embargo, estos ecosistemas frondosos tampoco están libres de sufrir un grave retroceso.

Basándome en el estudio de la masa forestal del Monte Limitaciones de las Améscoas, intentaré dar una cifra global para todas las sierras de Tierra Estella:

En la actualidad en el Monte Limitaciones habría unos 600.000 metros cúbicos de haya como máximo. Esta cifra resulta de la media de los informes facilitados por el Departamento de Desarrollo Rural y Medio Ambiente del Gobierno de Navarra, que abarcan el periodo comprendido entre los años 1963 y 2005. Es una valoración generosa, teniendo en cuenta las contradicciones entre las diferentes estadísticas. Aun y todo me inclino a pensar que habría 100.000 menos, o sea 500.000, más después de contemplar zonas que están desecadas, pero le dejo un margen hacia arriba.

El resto del parque natural de Urbasa, en función de su superficie, similar al Monte Limitaciones, podría contar con 500.000 m^3. Parece una cifra baja, puede que sea algo mayor, pero hay que tener en cuenta que la sierra comprende muchas hectáreas de raso, las cuales seguramente fueron deforestadas en el pasado por las actividades ganadera y forestal.

Enzía, la parte alavesa de Urbasa situada en el extremo occidental, como mucho contaría con unos 100.000 o 150.000 m^3, dado que su extensión es bastante menor. Además hay un raso amplio.

Todo el conjunto de *aldayas* o laderas tendría unos 350.000 m^3, quizá más, hasta 500.000. Es difícil calcular una cifra concreta en este caso, ya que, aunque muy pobladas en cuanto a la flora se refiere, hay gran convivencia con robles y otras especies: avellanos, fresnos y espinos, e incluso encinas. Por tanto, como ahora me centro en el hayedo, la densidad de éste va por zonas.

La sierra de Urbasa, en total, contaría con alrededor de 1.500.000 de m^3 de masa forestal de hayedo.

La sierra de Andía está casi totalmente deforestada, salvo algunos valles. No creo que cuente con más de 100.000 m^3. Es posible que hasta sea una cifra exagerada.

El monte Iranzu, Lizarrate, Cerro Viejo, Portandía, Zanabe y montes de Echávarri, albergarían otros 100.000 m^3.

La sierra de Lokiz, unos 200.000 m^3, valorándola al alza.

La sierra de Codés unos 100.000 m^3.

Por lo que todas las sierras de Tierra Estella, pertenecientes a la Zona Media occidental de Navarra, excluyendo la de Urbasa, contarían con un máximo de 500.000 m^3. Resulta un número similar al de todo el Monte de las Limitaciones, o al del parque natural propiamente dicho.

En conjunto con la sierra de Urbasa, las existencias de haya de toda Tierra Estella se cifrarían en la actualidad en unos 2.000.000 m^3 como máximo.

Pues bien, el proceso de desecación parece que vaya a ir avanzando de forma paulatina, pero cada vez más rápido. Al principio ha sido y es algo más lento, con una pérdida anual de varios cientos de metros cúbicos, como mucho algunos miles. El fenómeno se habría acelerado hace una década, aproximadamente. Me refiero a que a partir de entonces se ha hecho más evidente, pero puede que su origen sea anterior, situándose a comienzos del siglo XXI.

En consecuencia, se deben restar a esos 2.000.000 de m^3el 10% que ya está seco, si no más, con lo que quedarían 1.800.000 m^3.

El retroceso cada vez será más intenso, acelerándose de forma gradual, hasta alcanzar el periodo más crítico, quizá a mediados de siglo e incluso antes.

El cómputo a partir de entonces podría alcanzar unos 10.000 m^3 o más de pérdida media moderada al año, que supone algo más del 0,5% del total.

Es una cifra similar a lo que se tala al año de media en el Monte Limitaciones, que no lo incluyo.

Por otro lado, el crecimiento natural será en el futuro escaso o muy escaso, alejado por completo de las expectativas de hace décadas, por lo que el balance resultará negativo.

La pérdida de esta masa forestal al año, frente a un crecimiento muy pobre, representaría el proceso paulatino de reducción de los hayedos.

Sin embargo, las repercusiones del cambio climático aún podrían resultar más graves, hasta llegar a la extinción total de los hayedos de Tierra Estella.

Si dividiésemos la masa forestal de hayedo que hay en todas las sierras, 1.800.000 m^3, entre los 75 años que quedan del siglo XXI, nos daría una cifra media anual de pérdida extrema de 24.000 m^3 por año. Supone un porcentaje de más del 1%.

Por el contrario, la otra opción es estimar la media anual de pérdida moderada del bosque en 10.000 m^3, con lo que quedarían 1.050.000 m^3

de masa forestal de hayedo en todos los montes de Tierra Estella a finales del siglo XXI. Sería la mitad de lo que existió a comienzos de siglo.

Ese segundo balance, resulta de restar a 24.000 m^3 de la pérdida extrema anual de extinción, esos 10.000 m^3 de pérdida anual moderada, lo que da 14.000 m^3. Después hay que multiplicarlos por 75 años.

Por tanto, la visión menos dramática es que a lo largo del siglo XXI se pierda la mitad de la masa forestal completa de hayedo de todas las sierras de Tierra Estella. Sin embargo, podría ser más, aunque espero que no sea la extinción total, lo cual también entra dentro de lo posible.

Por lo que deduje anteriormente de todas las observaciones y cálculos, las zonas que queden más pobladas quedarían en la parte superior de la sierra de Urbasa y en partes de las *aldayas* más frescas y húmedas.

Sin embargo, tras contemplar amplias extensiones desecadas en zonas altas de las sierras de Urbasa, Lokiz, y montes del cañón del río Iranzu, mi criterio ha cambiado.

Sobre todo, las áreas más proclives a la conservación serían las de mayor umbría, con presencia de musgos, hongos, líquenes, helechos y arbustos, mejor protegidas de los vientos, con mayor densidad forestal y de suelos más fértiles.

Habrán sufrido menos los efectos de la explotación económica maderera y la pérdida de la capa superficial del suelo.

No quedará un bosque único, interconectado; sino que la presencia del hayedo ocupará diferentes superficies, algunas unidas entre sí, y otras no, aisladas.

Estas últimas serán después las más expuestas a su desaparición.

En las *aldayas* podría encontrar refugio el hayedo donde reciba menos insolación y mayor humedad. Hoy en día presentan un estado de salud aceptable en comparación a otras zonas elevadas.

En los valles de la sierra de Andía el haya se extinguiría de forma definitiva, por emplazarse los últimos vestigios en valles orientados al este-sureste, a sotavento de los aportes húmedos. La excepción quizá se dé en el de Ergoyena, orientado al oeste, aunque aquí también el hayedo está muy debilitado y empobrecido, y además no pertenece a Tierra Estella.

De la sierra de Lokiz no se espera un resultado mucho más favorable, pero sí algo mejor que en el caso de Andía, sobre todo en la cara norte más situada hacia el oeste, la que limita con Álava.

En los montes de Echávarri y del cañón del río Iranzu podría desaparecer del todo.

Y en la sierra de Codés quedaría como mucho algún bosque aislado, testimonial, en la vertiente norte, la que da a Santa Cruz de Campezo.

Por tanto, el refugio principal del hayedo está en la sierra de Urbasa. Esto es indudable y de hecho alberga la mayor cantidad de hayas y la mejor calidad de bosque. Sin embargo, el proceso de desecación avanza también en esta sierra de forma muy alarmante, a pesar de la extensión y frondosidad del ecosistema. Sobre todo sucede en su parte superior y en concreto en algunas zonas del Monte Limitaciones de las Améscoas. Esta amplísima superficie elevada, la planicie del sinclinal colgado de Urbasa, recibe muchas horas de insolación.

En el siglo XX la masa forestal comenzó a experimentar un incremento de forma paulatina, al menos en la parte suroriental de Urbasa. Este hecho se aprecia en la comparación de las fotografías aéreas de los años 1917 y 2023.

El aumento estuvo motivado por el descenso notable en la actividad ganadera, sobre todo a partir de la era del desarrollismo. Ambos fenómenos, crecimiento del bosque y disminución de las cabezas de ganado, estuvieron estrechamente unidos.

Por otro lado, la actividad forestal se mantuvo muy moderada o moderada hasta las últimas décadas, cuando comenzó a implantarse el método de la selvicultura industrial. A partir de entonces se produjo un nuevo descenso, al menos en el Monte Limitaciones.

En el siglo XXI, después de alcanzarse un volumen considerable de masa forestal, la tendencia clara es a disminuir, por causa sobre todo del cambio climático. La selvicultura, tal y como se realiza hoy en día, nada más que agravará el proceso, acelerándolo. Por otro lado, la ganadería extensiva, mientras se mantenga dentro de los parámetros actuales, no constituye ninguna amenaza. Incluso se podrían mencionar los beneficios que aporta, al despejar áreas demasiado cerradas que son susceptibles de riesgo de incendio.

Las consecuencias más directas e inmediatas de la disminución del bosque caducifolio para los habitantes de las poblaciones de los valles colindantes, en concreto el de Améscoa, serían las siguientes:

Aumento casi insoportable de las temperaturas en cada vez mayores periodos de tiempo.

Disminución grave de los recursos hídricos.

Agotamiento progresivo de la fuente de ingresos que provienen de la venta de la madera.

La explotación del Monte de las Limitaciones podría colapsar en pocas décadas, cuando ya no queden hayas centenarias que talar.

Parecido sucederá con la actividad ganadera y la agrícola, al menos un declive importante. Habrá menos pastos verdes en verano, por lo que el ganado tendrá que ser alimentado con forraje y piensos compuestos, lo que elevará los costes de producción. Aparte, habrá escasez de agua y las reses contarán con menos sombras donde refugiarse.

Menos recursos económicos también derivados del turismo rural, al presentar las sierras menor atractivo, mayor sequedad y régimen de temperaturas más extremo.

Lluvias mal repartidas, periodos dilatados de sequía y episodios repentinos de precipitaciones violentas y torrenciales.

Empobrecimiento del suelo fértil: desertización.

Riesgo muy alto de incendios.

En consecuencia, degradación del medio natural, un descenso notable en la calidad de vida y repercusiones económicas bastante o muy negativas.

Todo lo anterior puede ser tomado como un relato de ciencia ficción o como una realidad incontestable, de cada persona depende. En lo que a mí respecta, veo una gran posibilidad de que suceda así, tal y como se ha expuesto, al menos en alguna de las dos opciones, espero que la menos drástica. Sin embargo, no cuento con la prueba que demuestre que vaya a ser cierto, salvo la contemplación de áreas extensas cada vez más afectadas por la muerte de árboles. No obstante, he querido hacer esta previsión.

Hoy se cumple un año de mi vida en las *Amezcoas* y esta historia, este relato, toca a su fin. De un modo que no esperaba que fuese así, quiero decir con perspectivas de futuro un tanto perturbadoras en cuanto al medio natural. Ya se sabe, mejor vivir el día a día, el momento presente, sin esperar nada, sin planes preconcebidos y con actitud positiva. Aun y todo ahí queda eso, he querido plasmar mis preocupaciones.

Al principio de este libro, reproduje parte de algunos de mis artículos que se publicaron en la prensa escrita sobre el medioambiente hace más o menos una década. Los califiqué incluso de radicales o fundamentalistas. Fue debido a que, cuando llegué a Améscoa en 2024, observé los bosques y el entorno con una mirada más optimista.

Pero después me ha ido sucediendo lo mismo que me ocurrió en el periodo comprendido entre los años 2012 y 2019, que fue cuando también más frecuenté estos parajes.

Después de estos años marché a vivir a la Zona Media no montañosa de Navarra: primero a Mendigorría y más tarde a Allo. No hace falta decir que añoré las sierras que me han visto crecer, a pesar de que no dejé de visitarlas, eso sí, con menos asiduidad que ahora.

Cuando regresé a la montaña, tras sufrir unos calores estivales insoportables, mi alivio fue inmediato, y lo continúa aún siendo. Sin embargo, me ha ocurrido lo mismo que en aquel anterior ciclo vital que anduve como las cabras. Cuanto más frecuenté y he frecuentado las sierras, más me di y me he dado cuenta de sus anomalías. Al principio pensaba que la situación había mejorado, pero me equivoqué, no supe o no quise leer entre líneas.

La Naturaleza mostraba una frondosidad exuberante a finales de la primavera. Quedé prendado por su hechizo, por el milagro de ver brotar las hojas de miles y miles de árboles y arbustos y la floración de enorme variedad de plantas. Lo mismo ha sucedido este año y viene haciéndolo desde hace milenios. Además, el verano de 2024 fue aquí suave y agradable. Al poco tiempo vi las señales negativas: las marcas de una tala anunciada, los árboles secos o enfermos, la presión ejercida sobre el entorno natural, la cada vez mayor presencia humana, los efectos del cambio climático que se van agravando y agravando... Por lo que, al concluir este libro, hoy me doy cuenta de que aquellos artículos quizá no iban tan desencaminados. Eran fruto de la intuición, un aviso clamaba desde mis adentros, un no sé qué, algo que no se puede explicar. Lo mismo me sucede hoy en día.

Poco más que decir que no esté ya escrito. Sólo me queda mostrar mi agradecimiento a la Vida por este año tan estupendo, rico e interesante. A la Naturaleza por todo lo me ha brindado y me brinda. Y a las personas que se han portado bien conmigo, que han sido la inmensa mayoría, aparte de agradecérselo, quiero expresarles mi aprecio y respeto.

Hasta pronto, hasta ahora, hasta siempre: amigas, amigos, animales, plantas, rocas, flores, hayas, robles, fresnos y encinos, jabalíes y corzos, cárabos, quebrantahuesos...